智元微库
OPEN MIND

成 长 也 是 一 种 美 好

简单做事

不确定性时代下，普通人的成事心法

郭俊杰

著

人民邮电出版社

北京

图书在版编目（ＣＩＰ）数据

简单做事 / 郭俊杰著. -- 北京：人民邮电出版社，
2023.2
ISBN 978-7-115-60659-4

Ⅰ．①简… Ⅱ．①郭… Ⅲ．①人生哲学－通俗读物
Ⅳ．① B821-49

中国版本图书馆 CIP 数据核字（2022）第 229374 号

◆ 著　郭俊杰
　责任编辑　宋　燕
　责任印制　周昇亮
◆ 人民邮电出版社出版发行　　北京市丰台区成寿寺路 11 号
　邮编 100164　　电子邮件 315@ptpress.com.cn
　网址 https://www.ptpress.com.cn
　天津千鹤文化传播有限公司印刷
◆ 开本：880×1230　1/32
　印张：8　　　　　　　　　2023 年 2 月第 1 版
　字数：260 千字　　　　　　2023 年 2 月天津第 1 次印刷

定　价：68.00 元
读者服务热线：（010）81055522　印装质量热线：（010）81055316
反盗版热线：（010）81055315
广告经营许可证：京东市监广登字 20170147 号

不论商业创新还是文艺创作，真正引领且持续取得重大创新成就的人，都是涉世虽深却不沾世故之气，阅历虽广而仍存淳简之质的人。人生总是由简入繁，再到化繁为简的正反合，真正的大师杰作都源自一种简单质朴的生活方式。我想把这本讲述樊登读书创业故事和创始人价值理念的书，推荐给每一位愿意沉下心来打磨自己的朋友，也期待在中国这片土地上的各个领域中出现更多持续引领世界的创新。

——周宏桥

北京大学 / 复旦大学 / 长江商学院 EMBA 创新课程教授

靠谱的人往往都是简单的人，真正的长期主义者大多简单相信、简单做事。他们相信读书的密度、刻意练习的密度，因此取得成功。樊登读书的成功就是最好的例证。希望"简单做事"的理念，能激励更多靠谱的朋友，坚定初心、相信简单，飞得更高，走得更远。

——侯小强

起点中文网前董事长

　　2017 年，在樊登读书的全国渠道大会上，我为来自全国各地的渠道商分享时间管理与效能升级的经验时，与郭总相识，同年我的课程在樊登读书上线，而后我一路见证了樊登读书的飞速发展。《简单做事》是一本以樊登读书为商业案例的学习"教材"，称它是教材，是因为它值得很多创业者学习，对于创业初心、文化传承、模式搭建、分配机制以及组织成长等方面都有细致的描述，也包含作者郭俊杰先生的创业思考。我想把这本书推荐给对商业与组织发展感兴趣的创业者朋友！

——张　萌

青年作家，青创品牌创始人

　　俊杰和樊登的创业经验值得借鉴，"简单做事"是一种值得践行的工作理念。能十年如一日地做成一件事情需要刻意练习，就像运动员夺冠，需要坚持不懈的努力，更离不开热爱和投入。

——邓亚萍

奥运冠军，乒乓球大满贯得主

　　真正的学习高手和成事高手一样，都是简单做事的人。我也只不过是敢去相信，坚持简单，用高密度的努力换来了自己的成长。这本讲述樊登读书成功背后的故事、传递"简单做事"理念的书，再次验证了"大道至简"的原则有多么重要，值得推荐给更多的终身学习者。

——李柘远（学长 LEO）

百万畅销书《学习高手》作者

　　成功很难，运气、才华、环境、合作缺一不可；成功又不太难，尤其在文学艺术领域，只需要坚守一个内核：简单。因为简单相信，所以他们追求极致，纯粹、浪漫、自得其乐，灵魂充满香气。俊杰和樊登老师就是这么"简单"的人，所以他们能凭借"在中国每多一个人读书，就多一份祥和"的初心做成一个伟大的事业。推荐朋友们读这本讲述樊登读书诞生背后的故事与底层方法的书，相信你会更深刻地感受到"简单做事"的力量。

——陈　磊

混知创始人，畅销书作家

　　樊登读书是国内所有知识付费公司争相学习的明星公司，极致爆款单品和代理商的体系都是很多公司想要学习和借鉴的模式。郭俊杰老师作为樊登读书的联合创始人，为这一切打下了坚实基础，相信这本《简单做事》能让大家真正地了解樊登读书从 0 到 1 的发展，再到之后爆发的秘密。如果你想学习樊登读书的管理模式，千万不要错过这本诚意之作。

——网红校长覃流星（Alex）

101 名师工厂 CEO

这个世界有两种人:一种人一眼能看到事物的本质,找到一件事情成功的关键要素,从而将困难逐个击破;另一种人不断给自己和人生设置困难,这个太难,那个太复杂⋯⋯

你想当哪种人?

简单做事和做难而正确的事,仿佛是个悖论,看完这本《简单做事》之后,我更坚定地选择了前者。简单不意味着偷懒,而意味着更高效的思考,更有效的行动。

彼得·德鲁克在《卓有成效的管理者》中大致提过,一个好的管理者,无论管理自己还是管理公司,核心就是把时间变得有效。

只有那些简单的人,才能真正面对复杂的事情。这是一本创业者都应该放在枕边的书,苦难不是财富,成功才是。

——董十一

一个简单的短视频创业者

大道至简。在 8 年的创业经历中,我对此深有体会。做加法并不难,难的是学会适度做减法,学会由繁入简。在《简单做事》这本书里,大家可以看到俊杰是如何带领樊登读书一步步成长到今天的体量的。这是一本创业手记,但我觉得更是一本非常有趣的创业修行笔记,记录了如何将一件事做精、做透!相信能引起志同道合的奋斗者的一些共鸣!

——肖逸群

星辰教育创始人兼首席执行官(CEO),恒星私董会发起人简单也是一种美，剔除一切不必要的烦琐，最终呈现至简之美。俊杰创立樊登读书的历程也是一场追寻至简之美的内容之旅。

——辰　薇
媒体人，投资人，畅销书作家，美在当下品牌创始人

很多人觉得营销是很复杂的，不做成一件大事不罢休，但极致的营销要求的恰恰是极致的细节，不看清复杂、回归简单、把每一件小事做好，是做不好营销的。"简单做事"的理念也是高手营销的心法，樊登读书的成功就是俊杰和樊登老师团队对"简单"理解的成功。相信这本书一定能让更多的朋友对"简单"、对"极致"有更深刻的认知。

——申　晨
熊猫传媒创始人

"简单做事"的三个原则直戳我心：直接、纯粹、一致，这也是我做人做事的原则。看到这本书的时候，我如释重负，瞬间湿了眼眶。做读书导师创业的这几年，我遇到了太多的困难，很多难题是别人也没遇到过的，只能自己熬。而越往前走越明白，复杂的事情其实可以用简单的方式处理。回归简单心态，就会发现事情本没有我们想得那么复杂。希望这本书能让认真做事但压力沉重的你，找到破局之法。

——筝小钱
读书商业教练

樊登读书帮助无数人解决了"读什么书"的问题，这是一个由解决简单问题引发的商业传奇。俊杰深刻地洞察了这个简单问题背后的市场需求，并通过一系列简洁高效的解决方案满足了市场需求，所以这是一个由"简单"成就的不简单的成功。

——吴　婷

嘉宾商学创办人

当全新的技术和工具成为基础设施后，个体价值终于有了被放大的机会，无数闪光的思路迅速转变为各领域独领风骚的杰出企业。俊杰和樊登老师的创业正是今天这个个体崛起的时代合伙合作的典范，他们跨越地域和年龄差的限制，选择简单相信，简单做事，做出了用户规模超 6000 万的樊登读书。读一本书这样一个简单的行为，正因为选择了相信，选择了坚持，才成就了几千万人，让那么多人的时间与生命变得更有意义、更有价值，这种巨大价值的精彩之处就在于它不会辜负心底有光的人。相信这本书会鼓舞更多心怀梦想且有愿力的朋友，也相信它会启发更多正在迷茫的朋友，更相信它能激发更多这个时代的创新。

——李海波

星谷营地主理人
原喜马拉雅副总裁 /CAS 商业输出力商学院创始合伙人

做主持人这么多年来，接触过很多厉害的企业家、高管和专家，我发现他们身上都有一个共同的成功特质，那就是"简单"。樊登读书也是我特别喜欢的品牌,"简单做事"的理念在今天尤其值得倡导。希望这本书能影响更多的朋友成为简单做事的长期主义者!

——方 亭

东方卫视《教导有方》制作人、主持人

听樊登讲书已经成为我们每日的必修课,对樊登读书的喜爱难以言表。这几年看着他们飞速成长,周围越来越多的朋友都在听樊登读书,很替他们高兴,有梦想谁都了不起,行动让美好发生,相信这本书一定会激励更多怀揣梦想的人。

——徐 靓

广东广播电视台主持人,广州市妇联兼职副主席,母乳爱公益发起人

"妙言至径,大道至简。"在方法论和心灵鸡汤盛行的今天,最难做到的就是至真至简。简单、直接和纯粹,是现代商业社会极其罕见的品质和方式。 很多人好奇樊登读书的成功秘诀,感谢俊杰愿意跟大家分享,这本书不但帮助我们学习商业模式的成功经验,更让我们深入思考人生的意义。

——蔡史印

"黑暗中对话"创始人

《简单做事》这本书,伴随着俊杰的经历不知不觉地把我们带入了一家百亿市值的新型企业从 0 到 1 再到无穷大的全过

程。真正伟大的企业，其价值内核一定是简单的，唯有如此才能应对各种复杂的变化。作者用第一视角带领我们走入樊登读书的创业之旅，故事细腻质朴，思考真诚、辩证而深邃。他给大家输出了一套打破线性发展路径束缚的创业方法，任何创业者都能在这本书里找到自己、建造自己、实践自己。

——陈懿敏

中国知名数字营销专家

长三角一体化示范区（上海）在赢端网络科技有限公司总经理

简单不容易

樊登 | 樊登读书联合创始人

一转眼，俊杰都出书了。

俊杰现在的年纪和我遇到他时的年纪正好一样，都是37岁。那时我到处讲课，活跃在各大商学院的讲台上。虽然每天有不少的讲课费，但所有的收入都来自自己的时间·每天至少6小时的授课。那时候，俊杰刚刚结束了上一个项目——当时还显得太过超前的生鲜电商项目。命运就这样把我们拉在了一起。我在讲课期间突然有了一个想法：如果我把自己读过的书提炼出来，用PPT加电子邮件的方式发给订户，每年收大家300元怎么样？我在上海开了一个规模不大的说明会，目的其实是尽可能地获得第一批用户。不知道现场发展了几个用户，但竟然找到了一个CEO。

创业之初，俊杰和团队吃了不少苦。我的主要任务是四处讲课，发展初始用户的同时保证图书解读的供应。俊杰带领一个小小的团队琢磨怎么把这个没人见过的产品卖出去。后来的事大家都知道了，我们应用了传统行业的代理商体系，做了音频视频相结合的樊登读书 App，到现在已经影响了上千万人养成阅读习惯。

创业有不同的阶段，俊杰的人生也翻开了新的篇章。他是一个天生的创业者，尤其擅长从 0 到 1。究其原因，可能就是简单。简单是回归事物的本质思考问题，而不是屈从于他人的经验或者专家的建议。要做到这一点其实很不容易，需要放下得失心，看轻成与败，该怎么做就怎么做，行所当行。那时候我们什么都没有，做到简单还相对容易；现在有了些成绩和负担，能够继续保持简单才是修为。

希望这本书能带给你简简单单的心境和简简单单的成功。

在日益复杂的世界里，简单地活着

霍中彦 ｜ 合鲸资本创始合伙人

7年前，经喜马拉雅联合创始人余建军推荐，合鲸资本打算投资樊登读书的时候，俊杰那阳光、敞亮的大男孩形象，就已闯入我们的视野，挥之不去。7年后的今天，历经事业和生活锤炼的俊杰，少年感如故，这本书就是证明。

作为樊登读书的关键联创人，俊杰成就了公司，公司也成就了俊杰。而作为樊登读书的早期、连续投资人，我们亲历了这一切。

樊登读书的做法，惊人地简单：一是愿景很简单，就是帮助3亿中国人建立阅读习惯，以阅读促进社区和谐；二是产品很简单，50分钟讲透一本书（产品早期还只是几十页PPT）；三是模式很简单，授权城市代理，用户付费收听，一天一元，一周一本书。

公司创立之初，正值创业泡沫风起云涌，"互联网思维"大行天下，"引流并通过广告变现"的各类花哨模式，为人津津乐道。相形之下，"樊登读书"简单到笨拙，甚至有点刺眼。

就连在合鲸内部决策时，这个项目也颇受争议：一是愿景和产品有点公益性质，而史上未见读书类节目商业化成功；二是读书应读原著，不应"吃别人嚼过的馍"。最终，尽调中感受到的强劲需求和长期浸润于出版业、对精神消费爆发的预期，让我们选择敬畏市场，出手投资。

数年后，对项目做复盘时，我有一个总结：自己研读原著、不断精进，是一种智慧；而通过产品创新帮助原本不读书的人开始读书，是一种慈悲。这种为樊登老师、俊杰及核心团队所深具的慈悲心，是我观察到的公司最简单、最强劲的内驱力。

我观察到的公司的第二个内驱力也很简单，就是相信"读书有用"，并努力读以致用。真正的读书，不是翻阅纸张，而是被书改变。樊登老师多次和我们说，他自己是这次创业最大的受益者，因为他"不信不讲，讲了则用"，那些读的、讲的海量书，都内化为自己的修养和方法论，在生活和工作中生根发芽，开枝散叶。

俊杰又何尝不是如此呢？作为事业上的伙伴、生活中的朋友，每次感受到俊杰热情开朗的状态、坦诚直率的谈吐、温和随性的气场，我就知道这是长期学以润身的成果，是从事一项有益于他人且有时间复利的事业的福报。

可喜的是，俊杰打算将这一切和盘托出，所以就有了这本

《简单做事》。它应该是第一本讲述樊登读书创立经过的书，同时也是一名创业者的亲历手记。读这本书，你会清晰地感知到，俊杰讲的每一句话都是其切身体会所得，而非纸上得来。

这本书里讲到的公司经营手法、管理理念、外部资源处理、工作与生活的关系等，很多地方与老生常谈大异其趣。这是因为，俊杰和樊登老师并非依据商学院的金科玉律，是基于对生意的朴素逻辑的理解，并结合自身所读之书，在实操中不断迭代而建立起了这个组织。通过读书建立一个以读书为主业的公司，这种"简单"的创业方式还真不简单。

此书出版之际，正是全球纷扰之时。这个世界正在向世人展示它无与伦比的复杂性，甚至吓到了一些习惯了稳定大趋势的朋友。这个世界会好吗？我们该如何自处？这些"灵魂拷问"悬置在所有人的头顶。是以变应变，还是抓住不变？是以繁打繁，还是以简御繁？

体现在商业上的答案，就是创业圈开始重拾朴素话语。就这方面而言，樊登读书即便不是预言者，也是先行者。所以，俊杰的这本《简单做事》正当其时，它也许无法提供充分的答案，但至少会启发我们认真思考"简单"的力量。

简单做事，简单做人

田君琦 | 樊登读书联合创始人

俊杰与我是高中同班同学，我俩认识已经超过 20 个年头，创业也一起走过了 10 个春夏秋冬。他对我影响最大的一点就是，做人做事足够简单和真诚。

《简单做事》这本书是从俊杰的视角回顾的创业经历，其实我觉得更像他做人做事的成功心法。心法不需要高大上的包装，用这种平实的语言表达就正好印证了俊杰说的简单做事的三原则：直接、纯粹、一致。

在真诚和直接面前，所有的沟通谈判技巧都会不起作用。我们跟樊登老师相识，是在一次培训活动上。当樊登老师说他要做一个帮助大家读书的社群时，我跟俊杰现场就表达了想深度参与的意愿。樊登老师让我们写一个计划书，这对于当时的我俩来说，是一件难事。没有任何经验的我们，最后用问答的形式写出了这个计划书，我负责罗列做读书社群会遇到的问题，俊杰用最直白的语言回答。我记得其中一个问题是"你们为什么觉得你俩最适合来做这个事情"，俊杰的回答出乎我的意料，他说："因为我们热爱樊登读书胜过樊登自己。"这就是我们第一份商业计划书中的语言，白开水一般的直接和真诚，让樊登老师最终选择与我俩合作。

很多人说好朋友不能一起创业，事情没做成会互相埋怨、推卸责任，事情做成了会互相争功、内斗，最后弄得朋友都做不了。幸运的是，这些事情没有在我俩身上发生，我认为最重要的一点就是纯粹。公司刚创立的时候，最重要的一件事情就是股权分配。对于两个创业小白来说，这更是一件复杂的事情，然而我们只用了五分钟，就做出了最后的决定，因为我们没有假设对方会处于一个自私的立场。

坐船还是坐飞机不重要，重要的是我们的目标一致，一起"去罗马"。合伙人之间的战略一致，团队成员之间的行动一致，说的是方向，而不是过程。用《简单做事》这本书里的话讲，我们在乎的是结果和价值，不是情绪和感受。2014—2015年，正值移动互联网创业如火如荼的阶段，我认为我们应该免费，不能靠卖内容挣钱，俊杰和樊登老师认为我们在开创一个"知识付费"的新机会，重点在于生产和传播对用户有价值的内容，而不是羞于每年收几百元。他们最终说服了我，我们保持了一致，樊登读书今天才有了这么多付费用户和可持续的商业模式。

直接、纯粹、一致。我们一起简单做事，简单做人。

因为简单，所以成就

刘 Sir | 出版人，内容策划人，合生载物创始人

　　樊登读书是一家非常有意思的公司。三个创始人，一个在北京，两个在上海，就这样通过简单相信开始干一件事，而且一干就干了快 10 年。这么多年，就因为一个让更多的人爱上读书的想法，他们熬过了 3 年不怎么盈利的黑洞期，让一周解读 本书的听书服务成了 个影响全中国那么多家庭的现象级产品。如果没有"简单做事"的心态，这一切是不可能成功的。与郭总一起围绕《简单做事》进行内容共创，真的是一次非常完美的体验。

　　作为从业 20 来年的老出版人，可以说，我见证了互联网时代下内容挖掘、生产、传播不断变化的全过程，也参与了几乎所有出版形态的探索。从当年在天涯、猫扑等论坛找作者，到在门户网站、豆瓣、知乎上找作者；从在微博、微信上找老师，到在音频平台上找创作者，再到今天在短视频、直播平台上找专家，找人的媒介不断变化。从生产纸质图书，到知识付

费的音视频课程制作，再到短视频、直播等方式的探索，内容输出的方式也从未停滞不前。总结下来，我们努力的方向就是四个"更"：更大众的内容、更高效的生产、更即时的互动、更长期的价值。

这么多年，我最大的感悟是，出版业是一个又慢又快的行业。快的一面在于，我们需要不断适应互联网媒介的变化，使挖掘作者、传播价值的效率最大化；慢的一面则是，它的生产方式变化有限。

曾几何时，作家和编辑的关系，真的是互为师友、互学互长的。而今天，公众号原创、音视频课程、短视频、直播等多样化的内容生产形态的出现，使传统的出版编辑离内容生产的核心越来越远。具体来说，就是图书编辑对作者创作过程的参与度越来越低，建议权也越来越有限。

而且，逐渐激烈的市场竞争也让图书的商品属性越来越强，包装越来越精美，市场营销与推广的方式越来越多样。但是，这或多或少带来一个问题：这种为了市场而市场化的过度包装，会让很多想要好好读一本书的读者在买回一本书并打开之后才发现，书的内容跟他们想象的相距甚远。这往往会扼杀一个读者的阅读热情。

我是科班出身，毕业于湖南师范大学新闻与传播学院，学的是编辑出版专业。这使我更愿意从内容传播的角度去定义出版。从业这么多年，我一直不认为我只是一个做书的，我的工作的本质是发掘、传播及传承有价值的思想和智慧。这也是我跳出传统的出版公司，创立合生载物，参与知识付费，到今天通过短视频与直播，进行全媒介的 IP 赋能工作的原因所在。

我们希望让编辑和作家的关系在这样一个时代以一种新的、多媒体的方式重新焕发生机。

郭总和樊登老师创立樊登读书，让我觉得他们一直是积极拥抱新鲜事物、有着坚定的大众情怀的内容行业创业者。樊登读书的底层价值与我个人的出版理想也是统一的，本质都是更好地传播思想智慧，影响更多的人。所以，我与郭总的合作一拍即合，也自然而然有了这样一次"共创"的探索。

有人说，刘 sir 转型做了知识付费，做了短视频和直播，远离了出版行业。可我自己明白，我不过是换了一种形式，继续做出版。我做出版的初心从未改变。与郭总的共创，恰恰是真正回归内容的本质，是对发掘、传播和传承价值极为有意义的探索。尤其是对于知识普及性的图书出版而言，各个领域的专家、老师，各行各业的创始人、高管，想要真正通过一本书去分享自己的经验和见解时，最大的难点是不知道自己知道什么，不知道自己不知道什么。也就是说，不知道自己知道的哪些知识值得和大众分享，不知道自己知道的哪些知识没必要也不需要去刻意输出。因为人的眼睛是向外看的，可以看清这个世界的一切，却需要通过一面镜子来看清自己，避免自己掉入专业的陷阱。这也是专业的内容团队，以助推的方式参与作者内容生产过程的意义所在。

在这本书中，我们力求真实地再现郭总的个人成长经历、创立樊登读书的整个过程，以及他对未来趋势的一些理解和展望。

通过与郭总数次连麦，不断复盘、优化和迭代，我意识到，郭总由内而外的简单价值观、始终如一的审慎辩证，以及与众不同的个人魅力，都是一个企业家应有的异常珍贵的品质，值得被放大并传播给更多的人。

他的许多理念和有价值的观点，让每个参与这次共创的人都受益匪浅。比如他所说的"我知道的不是全部，我所说的不一定全对"这句话，就给我们出版人、IP策划人及内容操盘手提供了基本的心法。

还有"真真诚才能真自信，真自信才能真真诚""自信的人往往更谦虚，而不是自卑的人更加谦虚"等，相信也会给更多的朋友带来启迪。

就过程而言，也许这是一次有很多瑕疵的尝试；就结果而言，这本书也一定不是最完美的呈现，但这是一个出版人以多媒体的方式参与知识生产过程的最有价值的探索。参与整个过程的人很多，除了我和郭总，还有向利、刘佳、自立，所有参与直播的朋友们，以及郭总的高中同学、当年樊登读书的另一位联合创始人田君琦。在此感谢所有老师们。经过这次毫无功利心的价值探索，我对内容行业的未来充满信心。站在内容生产、助推老师以及帮助大众用户挖掘老师价值的角度上，《简单做事》这本书是我目前为止最满意的作品。一是因为所有人都尽了自己最大的努力，二是因为我认为"完美"的意义就在于它是一个持续追求的过程。

这次尝试让我意识到，我们和作家、老师、企业家的关系是互为势能、互学互长的，大家都能从彼此身上获得有价值的启发。我相信，这部作品只是一个开始。未来，内容共创会成为主流的内容生产和图书出版模式。

我们的使命是"影响有影响力的人，成就愿意成就他人的人"。围绕樊登读书创立与成长的过程、创始首席执行官郭俊杰成长与思考的过程进行的一系列探索和发问，让我离"成为理想的、顺应这个时代的出版人"的目标更近了一步。

发掘、传播和传承中国本土智慧和思想，是每一位专注于大众通识出版的出版人的责任。过去，是中国向全世界学习；现在和未来，一定是全世界向中国学习。因为我们拥有全世界最好的内容生产设施，拥有全世界最多的内容生产者，拥有最深厚的文化与智慧沉淀。在未来的 5 到 10 年甚至 20 年，我们没有理由不相信会有更多来自中国的思想家、企业家、知识专家走向世界，中国文化和思想会以更专业、更精良的方式影响世界。作为一名出版人，我希望不断与时俱进，从一个更长的时间周期维度，一个更宽广的媒介维度，以不断修炼的专业能力推动更多中国企业家、各个领域的专家老师和意见领袖构建自己的知识理论体系，更好、更快地走向世界。

很庆幸，我们生活在这样一片充满生机的土壤中。我已经在内容行业干了 20 多年，路漫漫其修远兮，与郭总的这次合作，让我更加坚定了一个想法，那就是我还会在这个行业再干 20 年。

期待在各个领域有所建树的老师能够与我们连接，真正站在大众用户的视角，共创更多有价值的知识产品，以此带动更多的人爱上阅读，喜欢上学习。正如樊登读书的愿景：每多一个人读书，就多一份祥和。

因为相信，所以简单

　　我们总是把事情弄得很复杂，因为我们不相信简单。而简单真的是这个世界上最容易被搞复杂的事情了。因为相信，所以简单。

　　这本书叫《简单做事》，但是创作的过程并不简单，其间我怀着忐忑的心情几度想要放弃，但后来我想了一下，它本来就不是一本用来验证对错的书，而是一本仅供参考的想法记录，讲述普通人是如何创业（创造）做事的，说不定有人正需要看看呢。这样想，我稍微轻松了一些。加上我们的创作团队是外部团队，没有固定思维，不只是从内部看问题，还不断地从读者的角度给我反馈。他们告诉我，我们陆续生产的内容对不少人有帮助，我才几次鼓起勇气继续创作。

　　这本书的创作也是一次全新的体验，团队采用了新的方式做书，就是用直播的方式讲述书稿。每次直播要花 2 小时才能完成一个章节的讨论，我们前后一共做了 9 次直播，算是一次完全共创的书稿创作历程。记得大概做到第 4 次直播的时候，我对书稿到底在多大程度上有意义产生了怀疑，然后我喊停了接下来的直播，打算跟团队先复盘并完成已经做好的 4 次直播的内容，并再三思索创作这本书的意义。当我发现团队小伙伴还有直播间的朋友都对这本书充满期待时，我重新振作精神开始创作。我真的很怕生产出没什么用处的内容，也很怕创作出一本只有激情的演说稿。所幸，创作完成后再回头看书稿，内容还是朴实有料的，风格也是我想表达的风格，我只想直白地阐述我对简单做事的思考，这本书算是表达了我内心的想法。

在我看来，"简单做事"有三个原则：直接、纯粹、一致。因为不假设一个对立的立场，所以可以直接；因为不纠结沟通结果，所以可以保持纯粹；因为要的是结果，所以可以适当忽略情绪，做到表里一致。

这本书不是一本用来说明如何做成一件事情的书，而更像是资质平平的普通人的创业手记，如果你认真做过事，那么你可能会在书中找到似曾相识的经历。我很不愿意把这本书写得特别宏大，因为这本书本来就是一本小书，只可能对一部分人产生有限的影响，对此我特别明白。

如果这本书有幸被推到您面前，希望您能有所收获！

目　录 CONTENTS

01

从简单相信开始

樊登读书的缘起

企业熬过生存期后能实现快速增长，一定是踩对了某个趋势。但是在多数人开始创业时，创始人并不完全自知这是一个风口。他们凭借的可能只是简单相信某一件事能成的信念。

樊登读书在 2013 年年底创立，到 2016 年年底，3 年时间一共只有 100 万注册用户，其中 60 万用户还是最后一个月因为有活动才注册的。又用了 2 年时间，到 2018 年年底，注册用户数实现了 10 倍增长，总数突破 1000 万。在这之后，每年都有超过 1000 万的新增用户。到 2022 年年初，樊登读书已经拥有超过 5800 万用户。从用户增长的整体趋势看，樊登读书的发展是符合指数型组织的特征的。

很多人看到樊登读书的成功，乐于帮我们梳理和总结背后的原因。在我看来，事后总结发展规律和逻辑，有两种方法：第一种是还原对于这个事情的各种亲历情境，加上自己的思考总结；第二种是先看到了事情发生的结果，然后猜测了一些原因，拼接因果，加上合理甚至戏剧性的想象，但极有可能因果倒置。

本书中关于樊登读书的创业故事的回顾和讲述，都基于我的亲身经历，但我知道，即使亲历，也难免有自我视角和选择性记忆。我会尽可能还原真实情境，再加上我的思考，期望能给读者启发。

2013 年 10 月底，我和樊登读书的另外一个联合创始人田君琦，在一场线下培训活动中与樊登老师结识。在北上广深，这种活动几乎每天都有举办，可以说普通得不能再普通。那天现场有 100 多人，气氛热烈，大家都非常喜欢樊登老师的授课。其间，樊登老师说他喜欢读书，一直想做一个读书会，把自己喜欢的书分享给别人。我觉得，我真的需要这样的读书会来帮助自己，应该有特别多的人也有这样的需求。后来有人问我，你们是如何做市场调研的，是如何确定这个产品满足市场需求的。认真说来，我们没有做过市场调研，但我作为用户，首先感受到了这个产品是被需要的。即便当时它并不以产品的形态出现，我仍然凭着直觉认定它是有需求、有价值的。所以，与其说是我们创造了樊登读书这个产品，不如说是我们运气好，发现了这个机会，把美好的体验产品化了，也把价值价格化了。

那场活动结束之后，我和樊登老师互加了微信。我表示，我和田君琦有家技术服务公司，愿意无偿提供必要的技术支持，帮助他做读书会。得知他还没下决心开始做，我就鼓励他说这么好的事情为什么不赶紧做呢，我们可以依托微信公众号，让更多的人关注读书会，这样就能让更多人看到优质的书籍解读内容。后来，仅仅认识两周之后，我们三位合伙人就决定一起创业。创业项目是樊登读书会[①]，口号是"每年一起读50本书"。我们向每位用户每年收取300元会员费，交付他们的产品是每周一本书籍的精华解读PPT，大概的分工是樊登老师负责内容生产，田君琦负责产品和技术，我负责销售和客服。

樊登读书会听起来是一个极具个人IP属性的项目，所以总有人问我为什么没有以代运营的模式去开发项目，我当时的想法是，这个项目不只是樊登老师个人想做的，也是我和田君琦想做的。我很清楚地记得，在项目的开始，我们郑重讨论和确定过的事情只有一件，那就是"联合创始人"的身份。"帮助更多人读书"的想法和300元年付费产品的雏形，樊登老师虽然已经想了两年，但是一直没有将其落地。这样一个创业项目，当时充满不确定性，除了风险，基本什么都没有。然而我想确认的只是，我们准备一起合伙创业，风险和不确定性是我们可以一起面对的，遇到困难大家一起克服就可以了。我想的就这么简单，樊登读书的缘起也是出人意料地简单。

记得我们第一次召开股东会，是在2013年的12月7日。实际上，原本不是计划开股东会，而是讨论一个非常实际的问

① 创业之初，就叫"樊登读书会"，后改为"樊登读书"。

题——如何获取种子用户。为此，我们还准备了一沓厚厚的资料，罗列了一些找种子用户的方法，以及营销的定位和营销策略。

那天，我和田君琦午后从上海出发，开车四个半小时赶到南京。当时，樊登老师在为总裁班的同学们授课，我们在他入住酒店的咖啡厅碰了头。整整一个半小时，我们完全没有来得及讨论准备的内容，所有的讨论只围绕一件事展开：我们为什么要做这件事？

樊登老师提出了后来被确定为我们企业愿景的一句话，他说："我们希望，在中国，每多一个人读书，就多一份祥和。"听到这句话的时候，我鸡皮疙瘩都起来了。我想，这就是我们做这个事情的意义啊。它既让我们心潮澎湃，又呈现给我们一个非常温暖平和的画面。在这一愿景的号召下，我们一下子变成了有共同信仰的战友，拥有了共同的奋斗目标。

那天晚上，我们连夜返回上海，在沪宁高速上遭遇团雾，能见度不足 10 米，所有的车辆都打着闪光灯龟速前行，我们的车子也缓缓跟着前车。盯着前车时间久了，眼睛居然开始飙泪，其实我知道，飙泪不仅因为眼睛累，还因为我们的内心深处正泛起波澜。后来我让同伴在车上录了一段视频，因为这样一个时刻是值得被铭记的，我记得当时我说了一句："我们正在做一件极具意义的事情！"

樊登读书的企业愿景其实就是这么简单，包括后来我们选"读书点亮生活"作为公司的口号，也是希望我们选的书能够帮到大家，让大家学以致用。

这么多年的企业经营中，每当我困惑，或者觉得陷入困局的时候，愿景带来的画面总能带给我力量。我觉得这就是简单相信的力量。

从简单的彼此信任，到樊登读书的稳步发展，我们一起经历了痛苦磨难，也体验了收获的幸福感。在这个过程中，最难的其实就在从 0 到 1 的起步阶段。

那么，我们究竟是如何从 0 到 1 的呢？

▎"把背包扔过墙"，先开始再调整

我们最早的产品，是把每本书的解读做成 30 页左右的 PPT，每周通过邮件发给用户。我问樊登老师，您觉得这个产品值多少钱，他说一个人 300 元，每周一本书，一年交付差不多 52 本书籍的精华解读 PPT。我心想，你都想这么清楚了，那就赶紧开始啊！可是等了一个多礼拜，什么动静都没有。我就打电话问他，怎么没做呢？他说，开弓没有回头箭，一旦开始，就要持续履行承诺。他的话语间透露着犹疑，很明显他还没有完全做好准备。我说，咱们总是讲一个理论，"把背包扔过墙"，对吧？哪能完全准备好呢，既然是这么好的事情，咱们就边干边调整吧！先给出一个承诺，才有助于咱们把事情推动起来。更重要的是，樊登老师的"背包"还在身上，可是我的"背包"已经扔过墙了——公司已经着手推广，收了十几个用户的钱啦。

沉默间，大家都意识到，箭在弦上，不得不发。后来我们索性不再纠结，而是把团队内部的分工做得更加明确。樊登老师在北京，每周完成一本书的 PPT 精华解读。我和田君琦在上海，我负责销售和客服，田君琦负责打造微信上的产品平台。此外，我们还做了一个关于产品的形象设计，算是最早的品牌形象了，是一本书卷成的一个咖啡杯，带着书香气，带着我们美好的期待。

▌ 自己做决定，自己为结果负责

我们启动樊登读书的时候，短期内入不敷出，中长期也看不清方向，所以我跟身边的亲戚朋友聊起这个项目时，十个人中有九个都不理解，他们的眼神中满是疑惑，甚至有人觉得听起来有些荒唐，劝我不如好好找份工作。

2014 年春节，我回老家过年，很激动地跟我舅舅介绍我的这个新项目，可是他听完之后，喝了一口茶，缓缓地说："我觉得吧，你这事儿啊，再好好想想。"

我舅舅一直被公认为我们家族中最有见识、最通达的人，年轻的时候他就走南闯北，还去过非洲。连他都不能理解我的想法，我当时就明白了，一代人有一代人的局限性，自己给自己拿主意吧！

当你创业的时候，到底应该在多大程度上听取身边人的意见和建议，以及在多大程度上做调研来准备，要根据个人的成熟度来判断，甚至可以说，个人的成熟度更重要。当你知道自己能够做决定，同时又可以为这个决定承担所有可能的后果时，你就跟上一秒的自己不一样了。

成熟度其实是一个人对自己的主观判断，这种判断需要建立在有一定的生命体验的基础上。你要经人经事，"学而知之，困而知之"后，才能相对客观地判断自己的成熟度。孔子七十才随心所欲不逾矩，大家倒也不必急于追求成熟度。这个世界上，当然也有为数不多的人是"生而知之"的，但是他们不是咱们普通人能够效仿的。

自己做决定是要自己为可能的后果承担责任的，并不容易，但是能意识到自己要去做决定，并且自己要为这个决定的后果负责任，是一个重要的开始。

▌学会放过自己，少一点用力感

创业是一件不确定性极高的事情，可能付出了大量的时间和精力也毫无结果。正视不确定性并且接受不确定性带给自己的冲击，是创业者的日常。有太多包袱的人，不管这个包袱是思想意识上的成见，还是生活中的客观负担，创业前都需要三思而后行。

对于创业者来说，自己做了决定就要百分之百地负责。但负责并不意味着苛责。开启一份新事业，结果不尽如人意，是很多创业者都会遇到的情况。能从不好的结果中意识到自己的局限和不足，放平心态保持热情继续尝试更重要。

首先不要对自己过分失望，要放过自己，保持乐观，一定程度的乐观其实是一种客观。要清醒地意识到，波澜壮阔的命运之流中，我们只能掌控自己能掌控的部分，有很多东西我们完全无法掌控，比如时局、运气、疫情等，过于苛责自己是很愚蠢的。其次不要放过每次危机，在危机中学习、复盘，然后有所得。人在一帆风顺的时候反而很难有深刻的生命感悟，要珍惜危机。过了足够长的时间时，你会发现一些在当时看来非常大的事故，其实只是人生长河中的一个个小故事而已。年轻时候不经历一些"事故"，年纪大了就没有"故事"。

从 0 到 1 之后，樊登读书也经历了困难的时期。总的来说，解决办法是，能省钱就省钱，能租的就不买，能借的就不租。比如，公司的办公室，最开始是以孵化项目的名义申请免费使用创业园区的一间小办公室；交付给用户的 PPT，我们当时请了朋友免费帮忙美化；公司用的电脑，是以 500 元一台的价格从二手市场买来的。但从 2013 年年底到 2015 年年初，将近一年半的时间，公司依然不赚钱。公司每个月只有几千元的收入，我们几个人非但不拿工资，还要往里面贴补费用。这个过程中，我的合伙人、好兄弟田君琦面对的挑战更大，因为他的妻子正居家待产，全家的收入只有他妻子的单位发的基本工资。同时，对于樊登老师来说，以前读书是基于兴趣，但自从项目开始商业化，读书就变成了一项不能间断的工作，是必须按周交付的产品。把兴趣变成事业，是多少人梦寐以求的事情，但是在项目入不敷出的阶段，这却是一个对于脑力、体力和心力都十分巨大的挑战，没有一定的信念、天赋和知识积累，是很难坚持做到的。

在我看来，一个创业者要拥有自己的"自由意志"。所谓"意志"，是指认准方向，并且绝不后退。我曾经在很多场合说过，在入不敷出的那段时间里，业务毫无起色，如果要结束可能是一个电话会议就搞定的事情。但是樊登老师和我们一起坚持了下来，穿越了那段最困顿的黑暗的时光隧道。所谓"自由"，是指不拘泥于打法，自由发挥。就好比玄奘取经，只有方向是确定的，但行进的方式是不确定的，可以靠走，可以骑马，也可以搭乘各类交通工具。因此，创业对于创业者的个人特质的要求就是，既要有顿感力，百折不挠；又要有创新思维，会主动拥抱各类新的事物，大胆尝试，并对微小的创新保持敏感。

回顾樊登读书的创立和发展，2013年年底前后，其实是一个非常关键的时间段。一方面是大家物质生活水平提高，人均GDP每年都在快速增加，2013年我国的人均GDP是43497元，

2014 年是 46912 元，接近 8% 的年增长率；另一方面是移动互联网基础设施变得完善，包括智能手机的普及，微信支付的广泛应用，微信生态圈带来的社交范围的扩展和信息传播速度的提升。也就是说，这个时间段的社会发展和科技进步，为我们的创业提供了必要的硬件支撑，并培养了必要的消费市场。具体来说，第一，中国人均 GDP 的快速增加（2019 年首次超过人均 1 万美元），使不少人有机会不局限于物质消费的满足，转而对精神消费产生更多需求；第二，移动互联网的发展，帮助我们降低了虚拟产品的交付难度，也降低了用户转发分享的门槛；第三，在线支付的普及，使得用户可以便捷地购买我们的产品。

总结起来，我一直觉得，企业能做出阶段性成果，最核心的原因其实很简单，就是在合适的时间恰好做了正确的事。

所谓"念念不忘必有回响"，每个你决定坚持一下、再坚持一下的瞬间，都是靠强大的愿力支持。

如果没有那份简单的情怀"在中国，每多一个人读书，就多一份祥和"，我们是很难坚持到幸运来"敲门"的。

樊登读书的基本商业模式

2013 年，我们刚开始做樊登读书的时候，每周通过邮件把书籍的精华解读 PPT 逐个发给会员。每本书的 PPT 大概 30 页，差不多 5000 字。这样的知识输出，如今看来用 300 元获取并不贵，但当时免费经济是主流，付费看 PPT 这样的"知识付费"产品其实很难做起来。

在运营过程中，我发现用户活跃度不高，对我们产品内容的反馈也很少。于是我给用户逐个打电话，询问每一位用户在使用产品中面临的困难。打完一轮电话，我大概整理出两个核心原因，第一是没时间看 PPT，第二是 PPT 的文字内容不容易看懂。

在这之后的很长一段时间里，我们在如何优化 PPT 上耗费了许多精力，想让 PPT 更短、更精美、更有吸引力，让用户更喜欢。可是，收效甚微。

2014 年 9 月 30 日，我偶然看到有个培训界的朋友在微信群中给他的学员做培训，我就想为什么我们不能尝试在微信群讲书呢？用语音的方式直接讲解一本书，应该比文字的形式好，一定会给会员不错的体验，也更容易将一本书的内容讲明白。我们团队虽然人手不多，但推进事情的速度很快，当天晚上我就把会员都拉到一个群里，我作为主持人，樊登老师作为讲师，以发 60 秒语音的形式用 40 分钟讲解了一本书。那是樊登读书的第一次微信群直播，我记得很清楚，那本书的名字叫《消除压力，从大脑开始》，算是为大家的十一假期送上的节日祝福。那次直播的微信群内大家互动热烈，效果很好。于是很快，在之后的每一周我们都做微信群直播讲书，不到一个月，两个 500 人的微信群都满员了，樊登老师手持两部手机，向两个群同时进行语音直播。

那么面对更多的用户，我们怎么提供服务呢？客观条件就是，樊登老师在北京，我和田君琦在上海，樊登老师每周六晚上都在自家的书房中进行语音直播，连多一双手多按两台手机的机会都没有。这时候，田君琦想到一个"教室"的概念，也就是虽然每个付费用户都在群内，但是每周的"听课教室"都是临时的群，需要大家去抢"座位"，来晚了就进不了群。这个措施在一定程度上缓解了用户数量的压力，让新用户有机会听到樊登老师的语音直播。但这只是权宜之计，付费用户越来越多，总是抢不到教室的位置让用户产生了抱怨。我们后来还将音频文件剪辑成多段长音频放在公众号上面，但公众号的公开属性与付费用户的付费权益相矛盾。所以，我们必须要找到解决问题的根本办法。因此，App 的需求就被提上了日程，我们打算在 App 上同时置入音频、视频和图文这三种形式的内容，供大家学习每本书籍。PPT 交付和微信群直播的模式并行了很长一段时间，一直到 2015 年 6 月 15 日，我们的 App2.0 正式上线之后，图文内容在 App 内呈现，我们才不再通过邮件发送 PPT 了。

这段奇妙的经历，在现在看来有些不可思议。可是在当时年轻的微信生态中，没有群直播工具，也没有群会议功能，更没有视频号。我们只能以能够想到的最简单、最便捷的方式为用户提供服务。

樊登读书在微信群的流行，是一个良好的开端。但是所谓"酒香也怕巷子深"，有了好产品，不一定就有好市场。60 秒语音的传播方式，确实有其局限性。真正让樊登读书受人关注，蓬勃发展的，其实是我们的代理商体系。

有些人用"蚂蚁雄兵"这样充满戏剧性和冲突性的词汇来形容我们的体系；还有一些樊登老师的粉丝认为，是樊登老师设计了这个体系，这并不是事实。时至今日，樊登老师都不曾亲自参与公司每周每日的日常管理，他是以他"明心见性，直指人心"的领导力来引领公司发展的方向的。

真实的情况是，我们三个都没有主动设计过这个商业模式。这是一个在发展过程中自然长出来的模式，偶然中带着必然，我们唯一做的，可能就是以开放的姿态接纳了这个模式成功的可能性。

樊登读书创立初期，会举办很多线下读书分享的活动，目的很实际：通过活动吸引更多付费用户。在 2014 年 3 月 28 日的一场活动中，有位用户觉得这个活动不错，既有意义又能创造收入，于是他主动提出来，是否可以将这样的读书分享活动带到他所在的城市。我听到之后既惊讶又开心，惊讶是因为从没想过有这样的需求，开心是出于销售的本能，有需求当然是好事。于是我开始跟对方商讨如何达成这样的合作。这是一个典型的代理加盟合作，我找了基础的合作模板开始草拟合同，不知算幸运还是不幸，这位潜在代理商的本职工作是律师，所以他对合同内容特别认真，一条一条跟我过条款，几乎每天都要给我打电话讨论。历经长达 3 个月的反复沟通之后，合同终于敲定，樊登读书的第一家城市代理商落地，我们称之为"城市分会"，希望每个城市都能办出读书会。

第一家代理商敲定后，对方很希望举办一个仪式，这次的仪式却充满了故事。我记得，对方给我打电话说："我诚恳地邀请你来参加仪式，表示一下支持，并负责你的差旅费。"我说："行啊，应该支持，我们另一位创始人也一起去。"这时候对方说："不好意思，我们只承担一个人的机票。"我当时年轻气盛，有点气恼，脱口而出说："那就算了，我们自己买吧！"

在挂掉电话的那一瞬间我就后悔了，当时公司每个月的收入很少，能承担一个人的机票也好啊。但我又不可能再反悔，所以为了省钱，我们决定坐火车去。没想到，买火车票的时候，只剩站票了，我们只能花费 7 小时靠站票到对方的城市去。中途火车停靠站点的时候，我们买了一个小板凳，两个人轮流坐。更好笑的是，我怎么可能告诉对方我们是坐火车来的呢？我跟对方讲，我们是坐飞机来的，到机场接我们就好。所以，我们在火车站吃了一份盒饭之后，又打车从火车站去了机场。那位代理商接到我们的时候，虽然已经是大半夜了，但是我们俩都精神抖擞，仿佛刚从飞机上下来。那场活动办得很成功，更重要的是我们很鲜活地感受到了一家代理商是如何落地的。

后来当我讲起这个小故事，很多人都觉得心酸，觉得太艰辛了。其实我们当时的感受并不是这样的，可能我们有一种本能的乐观，觉得这些事情将来想起来只会觉得很有趣。做成了，是非常好玩的故事，做不成也没人会在意这样的窘迫。后来我意识到，无意识的乐观才是真正的乐观。经过深思熟虑之后的理性乐观，觉得应该乐观而刻意维持乐观，其实都不是真正的乐观。简单一些，不要有那么多顾虑，想做就去做，该做就要做，事情很可能就水到渠成了。

当然，这个靠活动来拉付费用户的模式后来并没有跑通，这位代理商做了一年多之后，就没有继续做了。但是，它为我们发展代理商模式撕开了一个小缺口。从 2014 年 7 月到 2014 年 10 月，我们结识了很多意向代理商。在和这些意向代理商沟通的过程中，我们不断反思和总结先前模式的问题。之前我们对代理商模式的商业设计比较不切实际，花了较多精力在传统的读书分享、线下活动等方面，导致商业目的不够明确，代理商的心态受到影响，他们没有真正把樊登读书当作一门有意义也可以赚钱的生意来做。

于是，在 2014 年 10 月底召开意向代理商项目说明会的时候，我们特意做了商业计划书，向大家提出，我们是一家用可持续的商业模式承载一个极具利他价值的社会责任的公司，并公布了我们设想的未来产品，以此强化项目的商业属性。最终，这次说明会有 7 位代理商签约，其中 5 位到目前依然是我们的核心代理商，可以说他们见证了樊登读书一路的发展。

代理商这个模式，成为樊登读书能够快速发展壮大的重要原因，也是后来很多人探究出的樊登读书发展历程中重要的组成部分。需要注意的是，我们当时只是对代理商模式可能带来的优势进行大致判断然后大胆实践，才最终形成了优势，并非经过缜密调研或长期论证。

那么，樊登读书的代理商模式有哪些特点呢？

▎ 虚拟产品的外部性

虚拟产品本身无须库存和物流，生产和运营的边际成本很低，同时传播和推广的边际收益相对较高。线下的一场培训活动是讲师提供的授课服务，而培训内容被做成虚拟内容就变成了一个可能有无限影响力的产品。线下培训是局限于空间的，是一次性的；而虚拟产品则具备突破时间和空间约束的可能。

█ 知识内容的适配性

虽然虚拟产品具有突破时间和空间的可能，但是不同的产品传播效率是非常不同的。以樊登读书的早期内容为例，《正面管教》《关键对话》《你就是孩子最好的玩具》《幸福的婚姻》《从 0 到 1》等，这些家庭、事业、心灵类的内容，涉及的目标人群非常广泛，因为几乎每个人都会面临一些这样的人生困惑。大多数成年人都要尽可能地发展好自己的事业，经营好自己的婚姻，管理好自己的情绪，与父母子女和谐相处，维持自己的身体健康。就像樊登老师曾经说过的，有些人并没有取得"父母上岗证"，就糊里糊涂做了父母；有些人并没有真正理解什么是爱，就走进了婚姻。生活的方方面面，成年人都需要学习。这些具有普遍适配性的内容，一方面决定了受众很广的特性；另一方面也对代理商推广的个性化能力要求不高，更容易营销和推广。

后来有很多内容型产品都效仿代理商模式，但是大部分都没有太成功。根本原因有三点：一是内容适配范围有限，因此，目标用户获取困难；二是内容本身过于专业，难以靠企业外部的非专业团队讲清楚、说明白，对外部代理商的能力要求过高，所以难以铺设足够多的代理商团队，形成规模效应；三是实际推广过程的执行难度高，成功概率低。代理商的付出和收获不成正比，因此他们也不会将其当作一门重要的生意做。

▌ 推广模式的灵活性

推广模式的灵活性，指的是我们的产品生产高度标准化，使得产品推广过程反而相当灵活和个性化。因为我们的书籍解读产品自带销售说服力，所以即使代理商的能力模型各有不同，也都有成功推广的可能性。有些代理商原先是做企业服务的，有些原先是做讲师的，有些原先是 4S 店的店长，有些是企业职员，还有一些甚至是摄影师，等等。

对代理商进行业务培训是必须要做的功课，但早期总部的工作人员也没有相关的成功经验，所以更好的策略就是鼓励每个代理商去找到适合自己资源和能力的推广模式，我觉得这种对自我能力边界的客观认知是非常重要的。所以，我们客观上就承担起了土壤的角色，开放包容的土壤能够滋养多元的果实。

事实也是如此，各个代理商的差异很大，有些代理商特别会做线下读书分享活动，有些代理商特别会发展企业团单，还有些代理商特别擅长做品牌在区域的推广和传播，等等。当然，最终以樊登老师的书籍解读作为高标准的产品交付，也算是对灵活的推广过程的极度包容，也是这样一个灵活推广的模式能够运营成功的重要原因。

▋ 明确的权、责、利

除了对推广过程灵活性的包容，还有一件重要的事情是各自权、责、利的明确。对于总部来说，主要包括：定期生产并上线高质量的标准化内容；整体把控品牌调性，约束代理商对品牌的使用规范；日常用户运营，设计以总部为发起人的大型品牌或者促销活动；规划全国代理商模式的发展节奏和目标；线上财务收款先入总部账户，再给代理商分配利润。对于代理商来说，必须以公司法人的形式与总部签约，并在品牌授权范围内，因地制宜推广业务；根据总部的营销节奏来参与大促（这部分后面会专门讲到）；定期接受赋能培训，开展线下活动的业务；等等。

▋ 合理的利润分配机制

从本质上来说，不管是代理商线下获客，还是线上精准投放获客，都是有获客成本的；如果某一种渠道获客成本太高，市场会自然而然地去寻找别的渠道获客。在做代理商模式之前，市面上的类似平台获客方式主要以线上投放获客为主，这种方式一度成本极低，令大家趋之若鹜。但对于数据的竞争势必带来价格的提升，因此一般小公司"烧不起"，甚至有些公司硬生生给自己"烧没了"。代理商模式自带杠杆属性，相当于代理商事先借了一笔钱给企业，企业可以利用这些资金发展业务；对于新品牌来说，早期代理商做销售的时候，其实同时在推广品牌并为此付出了一定成本；代理商需要投入一定的时间、人力和物力来运作项目。所以，代理商赚取的是以上这些成本和他所获得的利润之间的差价，差价必须大于0。此外，在资源有限的时候，为了避免代理商将资源迁移到别的项目或者工作上，从理论上说，差价最好要大于其他项目的收益，换句话说，也就是项目本身要相对容易且高效地赚到钱。

2016年4月之前，我们的产品定价始终是300元每年。4月1日起，樊登读书的会员价格由300元调整为365元，并以"1天1元，听本好书"为宣传的主要话术，将消费者对价格和价值的感知具象化，提价的部分主要用作渠道利润分配，以提升代理商的盈利能力。神奇的是，我们原本预期价格提升会造成付费用户减少，因此我们提前将近一个月的时间向大家宣布即将涨价。没想到，公告发出去之后的一个月内，付费用户数不降反升，甚至出现了一次续费多年的情况，名副其实地实现了一次"涨价促销"。

不过，总的来说，代理商模式不是一个内容型项目能否成功的根本原因。内容本身的适配范围是否足够广，潜在市场规模是否足够大，营销过程是否足够简单，核心交付产品本身对于多样化的推广手法是否有足够的兼容能力，都是衡量一个内容型产品自身是否具有生命力的重要指标。在此基础上，拥有一个懂业务也懂经营的核心团队，既能做事也会做人，那么，代理商模式是能够帮助这个产品不断成功的；反之如果产品本身立不住脚，或者管理团队能力不足，代理商模式也容易引发一系列问题。

第一性原理：商业创新的基准

古希腊哲学家亚里士多德说过："任何一个系统都有自己的第一性原理，它是一个根基性命题或假设，不能被缺省，也不能被违反。"[1] 这就是源自哲学的"第一性原理"。

现代创新理论的提出者约瑟夫·熊彼特，在其名著《经济发展理论》[2] 中对"创新"有过这样的解释：创新即"生产要素的重新组合"，企业实现创新，就是把"旧组合"重新拆解，并匹配形成"新组合"。

在熊彼特经济模型中，那些能够成功"创新"的人便能够摆脱利润递减的困境而生存下来，那些无法成功地重新组合生产要素的人会最先被市场淘汰。

樊登读书，就是基于第一性原理而进行的商业创新。

---

[1] 李善友.第一性原理 [M].北京：人民邮电出版社，2021.

[2] 熊彼特.经济发展理论 [M].何畏，易家洋，张军扩，胡和立，叶虎，译.北京：商务印书馆，1990.

2013 年年底，我们决定用"十分钟读书法"，把一本书的精华解读 PPT 打造为产品，每年收费 300 元，帮助用户把一本书读明白。

2014 年，我们以书籍为基点，尝试了微信群直播的形式，打开了社群语音直播讲书的大门；同年，我们在知识付费行业的推广中，摸索并尝试启用了代理商模式。

2015 年，樊登读书 App1.0 版本上线但未被启用，更新迭代之后，2.0 版本才被正式启用，讲书产品有了音频、视频及图文三种媒体形式；同年，为了提高推广效率，我们研发了二维码海报传播体系和对内的代理商追溯及分账结算体系；同年，我们获得天使投资，落实对每位合伙人的商业承诺。

2016 年，我们进一步完善代理商体系，做到了县域一级的基本覆盖；同年，我们向传统互联网产品学习，重视用户注册和漏斗转化策略，依托于微信二维码海报，用极富创意的营销方案，于 11 月在 30 天内用 5 万元获得 60 万新增用户，实现了第一个 100 万用户的小目标。

2017 年，在 4·23 世界读书日，策划了"买一送一"的大促活动，引领行业营销新潮流。

2018 年 4 月，进行整体品牌升级，"樊登读书会"正式更名为"樊登读书"，随着短视频平台的崛起，樊登读书特有的视频形态的内容助推了又一波用户增长的高峰。

在不断探索和简单相信中，樊登读书一点点突破，一步步向前。我们的创新突破，大概可以从商业模式创新、内容模式创新及营销层面创新这三个角度概括。

商业模式的创新

2013 年，知识付费类企业刚出现的时候，免费经济风头正盛，我们跟别人讲我们要做付费的读书产品时，别人就觉得特别不理解。当时，有个事情让我印象颇深：我们以樊登读书会的名义，去参加读书会的论坛，80% 与会的人都有相同的观点："你们搞的这也叫读书会？人家都不要钱，你要收钱，人家都讲很高雅的知识，你们讲的东西太俗气，太商业化、功利化了。"那个时候我觉得特别不被人理解，我和他们讲："以传统的方式办读书会，影响的人群就是数百人，大家一起拆书，当作陶冶情操的兴趣，但没有当作生活的必需品；而我们通过实操有用的知识办读书会，是希望能让成千上万人真正从中获益。"

我们是这样想的，也是这样做的。打破传统的商业模式确实需要付出更多，但事实证明，我们的创新是对的。

总结一下的话，我们的商业模式创新有两个很突出的特点（见图 1-1）。

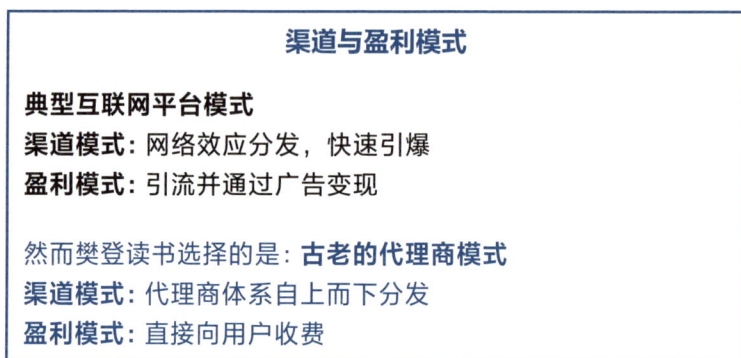

渠道与盈利模式

典型互联网平台模式
渠道模式：网络效应分发，快速引爆
盈利模式：引流并通过广告变现

然而樊登读书选择的是：**古老的代理商模式**
渠道模式：代理商体系自上而下分发
盈利模式：直接向用户收费

图 1-1　渠道与盈利模式对比

第一，区别于原来的公益性质的读书会，我们希望做一个能够影响成百上千万用户的、可以商业化的、服务于读书的产品。亚当·斯密（Adam Smith）主张：商业是最大的慈善。市场竞争会让商品的社会价值以更加高效的方式表达出来。同时，通过可持续的商业模式的发展，也能实现对有限的社会资源的高效利用。当然，我们的盈利模式也区别于传统的互联网平台模式。传统的互联网平台模式，通过网络效应实现用户规模的快速增长，再将流量通过广告的方式变现。而对于樊登读书来说，内容的再次演绎本身就具有价值。内容即流量，流量

即内容，因此，我们从一开始就坚持做付费的读书会。

第二，渠道模式上我们对虚拟产品采用代理商模式。不同的产品，在不同的发展阶段，需要不同的渠道模式，并没有所谓"最好的"模式，而只有当时那个阶段最合适的渠道模式。如果是受众广、客单价低的商品，那么线上投放获客的漏斗模型效率比较高；如果是品牌认知度低、客单价相对高的商品，那么线下代理商销售驱动是必需的销售路径。

代理商模式和互联网平台模式相比较而言，各有优劣（见图 1-2）。

代理商模式是要被时代淘汰的模式吗？没有最好的，只有最适合的		
	互联网平台模式	**代理商模式**
可规模化速度	快速规模化	需要一定的时间不断发展脉络
结构稳定性	结构松散	结构稳固
调整速度	快速变化	僵化、调整速度慢
体验效果	仅网络视听体验	可设计全方位体验
信任关系建立	吸引	吸引 + 人际连接
获客成本	初期较轻，随着竞争加剧而加重	初期较重，但后期可以建立能持续竞争的"护城河"

图 1-2　互联网平台模式与代理商模式的优劣对比

从可规模化速度的角度而言，互联网平台模式看起来更快，但它的问题也显而易见：烧钱而且面临着较大的不确定性。

早期的樊登读书处在品类拓荒阶段，不仅用户对产品认知少，而且知识付费这个赛道也处在早期阶段。所以，通过互联网平台投放的效率势必是低的。同时，还有一个现实困境就是公司确实没有那么多钱支撑连续投放的策略。所以，回到2014年的商业环境中，樊登读书当时几乎没有别的路可走，代理商策略是一个从偶然中出现的必然选择，是一个以时间换空间的正确选择。随着樊登读书代理商模式的快速铺展，获客成本和获客难度反而都降低了。

从结构稳定性的角度而言，互联网平台模式的结构相对松散，也能够对流量策略进行相应的快速调整。而代理商模式下的商业惯性很强，信息的传达和沟通效率都相对较低。当然，互联网平台模式和代理商模式是可以互相结合的，所谓的"互联网平台"并不一定是一个显性的平台模式，也可以是一种隐性的平台模式，比如樊登读书的代理商会自发地在各个流量平台做账号，因此形成樊登读书在各平台的流量矩阵，成为建构在各平台之上的"隐形平台"。

从商业纵深的角度而言，因为有代理商这样以人际关系为纽带的"地面部队"，和用户的信任关系自然会更深，很适合做更高客单价的线下体验式的产品和服务延伸。代理商以及代理商所形成的流量矩阵，因为需要时间构建，需要人力铺排，需要空间执行，同时能够沉淀为商业影响力和品牌号召力，所以会让商业惯性不断加强，实际上这种流量矩阵已经成为樊登读书的一种"品牌护城河"，甚至是樊登读书的可量化的重要资产。

即使是传统的代理商模式，我们也做了突破和创新。最开始樊登读书的代理商是以区域划分的方法"承包"不同省市的用户的。随着业务的发展，区域代理商模式逐渐呈现疲态，并且经常出现跨区域抢用户的情况。基于这种情况，我们推出了"行业和企业代理商"模式，这类型的代理商可以做跨区域的用户拓展，也就是说，只要用户扫该代理商自己渠道的二维码付费，即归属于该代理商，不受区域约束的影响。这个举动极大地刺激了原有代理商的业务积极性。同时，代理商门槛相对较低，也因此重新吸纳了一波优质的小微代理商。

内容模式的创新

在内容模块，我们做了 4 个方面的事情：广谱选品、简化权益、降维交付、主动连接。

▌ 广谱选品

我们基于当时的市场，发现当代人普遍面临家庭、事业及心灵成长的三重困扰，所以我们早期选择的书籍非常实用，适用性很广。比如《正面管教》《关键对话》《你就是孩子最好的玩具》《幸福的婚姻》《从 0 到 1》等，这些家庭、事业、心灵类的内容覆盖的是大部分目标人群都会面对的人生象限。

▌ 简化权益

为了让我们的产品功能足够清晰，我们希望给到用户的权益也尽量简洁，忌多而全。我们一直跟用户强调：你付给我们365元，你的权益就是每周听一本书的书籍解读。虽然我们也有线下活动、思维导图、积分兑换、周边产品等附加权益，但是推广的时候，我们不会刻意去强调。我觉得这种对于产品的"简单"的思考很重要，这种"少即是多"的至简理念，有助于打造"一厘米宽，一公里深"的极致卖点，成为用户"非你不可"的理由。相反，想要表达的权益多了之后，会影响用户购买的决策。因为用户的耐心和精力有限，过多的选择反而会让用户搞不清楚自己是为什么而购买，索性放弃购买。

▌ 降维交付

我们识别信息时，通常会依赖情感、记忆和经验迅速做出判断，期待能用最低的消耗获得最多的资讯和收获。这源于大脑的偷懒惯性。所以，给用户的产品，简单即王道！

在内容上，我们做的是专业语言的大众化表达，把某一个类别的专业知识用通俗的语言翻译为大众能够理解的知识，我称之为"中翻中"。它本质上是通过降维的手段实现了高维知识的普及。

樊登老师身上的特质，让他的课充满吸引力。他不仅能够就书讲书，还能利用大脑中海量的关联书籍存量，随时随地旁征博引来印证某个理论或者知识点。他早年做主持人所训练出的表达时的对象感和共情力，也让他在讲课时非常具有感染力。用户不仅能够听明白，还能运用到生活中。

另外，对于知识的呈现形式，我们也把它简单化了。比如，我们的形式从最开始的文字变成了图片，又变成了音频和视频。用户获取信息越来越方便，门槛也越来越低，用户体验也越来越好。

话说回来，如今很多类型的兴趣教育或者人文教育，并没有严格意义上的考级或考证需求，但依然成为受很多家长和孩子追捧的知识方向。本质上，开设这些课程的教育机构也是在用一种降维的手段做高维知识的多维普及。所以，随着家长教育观念的逐渐成熟，即使是小众领域，也是有一定的普及机会的。

▌主动连接

传统求知的逻辑是"人找书"。也就是说，当一个人意识到自己需要对一些问题进行求解的时候，他们会把书籍当成一种问题解决方案，去书中寻找答案，也就是顺着"我不知道"→"我想知道"→"找一本可能有答案的书"的思路来执行。

但是我们恰恰相反，我们是"书找人"（见图 1-3）。

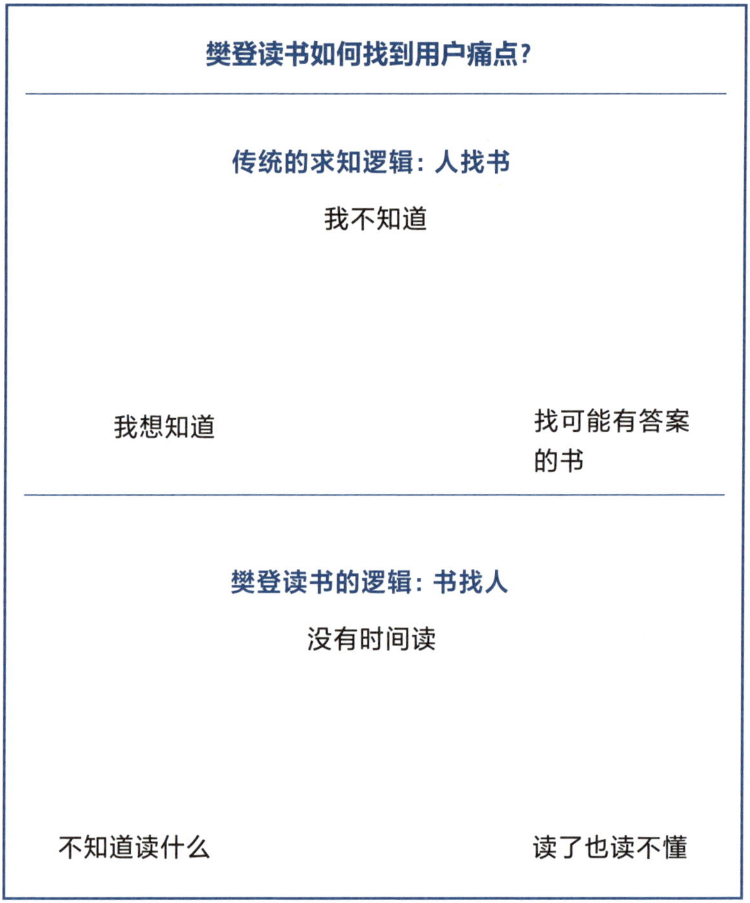

樊登读书如何找到用户痛点？

传统的求知逻辑：人找书

我不知道

我想知道   找可能有答案
                          的书

樊登读书的逻辑：书找人

没有时间读

不知道读什么   读了也读不懂

图 1-3　樊登读书的逻辑：书找人

樊登读书的会员没有权限挑选或者指定老师讲解哪本书，我们读什么他们就听什么。听起来有点不讲道理，但这恰恰是我们真正"以用户为中心"的体现。为什么这么说呢？因为这种方式同时切中了用户的三个痛点：不知道读什么书、没有时间读书、有些书读了也读不懂。既然用户不知道如何挑选，那我们就帮他们做这个决策。之后就慢慢形成了一个固定的规则，也就是和用户每周一起读一本书，每年一起读50本书。

这个过程中，我们面临两个挑战。

第一，坚持完全不听用户的声音。不是我们高傲，而是我们清楚自己服务的人群到底是什么样的，我们不仅需要提供给用户他们想要听的知识点，也希望帮助用户拓展他们的知识面。

第二，一周读一本书的规则受到了质疑。看到有些同行一天推一本书，我们的合作伙伴反馈说："咱们是不是也可以出类似日更的产品？"做还是不做？当时我们旗帜鲜明地确定，就是一周读一本书，我们不鼓励用户天天花大量的时间在樊登读书 App 上。"少即是多"正是其中的价值。就我们的潜在目标用户来说，如果他每天把所有时间都用来读书，也是一件挺不正常的事情，生活中依然有很多其他美妙的事情值得去体验。所以，我们的价值观一开始就非常笃定：樊登读书应该像一个陪伴用户但不打扰的老朋友，用户需要的时候就来学习，而且每周读一本书就已经足够了。这种虽主动但适度的连接是一种克制，是基于我们对用户需求的思考。

总结一下，通过广谱选品，我们定位了对生活的各个象限有疑惑的最广泛的目标人群；通过简化权益，用一句话说清楚樊登读书这个虚拟产品的交付形式；通过降维交付，将目标人群的产品体验门槛大大降低，将"读者"拓展为"听众"；通过主动连接，把用户范围从"知道自己不知道"的用户人群扩张到"不知道自己不知道"的用户人群，将书籍这类解决问题的工具型产品打造为一种陪伴用户的生活方式。

早期樊登读书的书籍选品，只是从家庭、事业、心灵等维度做内容类型的区隔，大多数时候要靠樊登老师自己的阅读经验做筛选。后来，用户越来越多，我们能够接触到的选书建议和书籍数量也越来越多。为了更高效地选出好的书籍，我们从以往的选书经验中提炼了四条我们认为应该始终坚守的 TIPS 原则。

- "T"，Tools，也就是强调工具性。工具性和实用主义有一定程度的重合，但更强调书中有一些可以条分缕析的认知逻辑，或者拆解执行的方法论。
- "I"，Ideas，也就是强调新的理念。以大多数目标用户为对象，书中的理念是相对新颖的，有启发的。

- "P"，Practicability，也就是强调实用性。实用性的内容更容易适配广泛目标人群的生活难题，也因此对生活的影响程度和范围更大。

- "S"，Scientificity，也就是科学性，其实是指尽可能地有据可查。这是内容的基础保障。这里不拘泥于科学或者哲学这种学科区分的方法，而是强调确凿性。事实上，很多哲学类的书籍也很受用户追捧。

总的来说，内容侧的选书标准，旨在以各类对生活有用的知识为切入口，引起用户共鸣，寻求与用户的最大交集。

营销层面的创新

在营销层面的创新，我们摸索和尝试了很多，有成功也有失败，其中大部分都不为人所知。我们总结出的成功创新，主要有以下四种。

▍ 二维码营销与分账

2014 年，用户想开通会员权益需要到银行进行转账，我们收到转账凭证后还需要让财务核对。微信支付的普及精简了用户去银行转账的步骤。

2015 年 4 月，我们开始二维码营销时，具有绝对的代际优势。我们跟代理商用二维码营销体系进行结算，那时的二维码营销体系分成两部分。

一部分是对外的二维码海报分享和支付系统，用于记录用户之间的二维码分享和传播环节，大大降低了用户的付费成本和传播成本，提升了用户分享的积极性，因此提高了口碑传播的效率；另一部分是对内的二维码追溯及分账系统，用于对销售人员的业绩进行追溯和分账，可以自动识别用户归属于哪个代理商，并自动核算代理商的应分配利润，这极大地激发了代理商的拓客积极性。

正因为有二维码营销体系，才让我们的会员数在短时间内从几千增加到了十几万。

▍ 强销售与弱销售模式

在代理商机制和二维码营销的模式下，樊登读书实际上有两种类型的销售人员。一种是职业销售，是确定的少数人，比如代理商及其员工；另一种是柔性推广者，也就是因为喜欢而传播的用户，是不确定的多数人。对于职业销售来说，推广樊登读书是他的安身立命之本，所以需要用金钱来激励他；对于因为喜欢而传播的用户来说，金钱激励反而会消磨他自主自愿的内在动机，所以只能适度给些福利性质的激励。因此，我们对于这类柔性推广者，设置了积分奖励来激励他们。用户可以通过积分兑换积分商城的实物商品。1 个职业销售带来 100 个付费用户和 100 个柔性推广者每人带来 1 个付费用户的结果是一样的。二者兼顾，传播和推广的效率就会高很多。

事实上，在早期樊登读书的推广过程中，还有一类用户。与普通用户相比，他们与樊登读书的关系会更深一些，就是樊登读书的"书友驿站"。所谓"书友驿站"，就是一些拥有实体空间的铁粉用户，比如咖啡馆、茶馆，或者书店等实体店。他们愿意免费为当地的代理商提供场地来举办线下沙龙。对于这类场地，我们会授以樊登读书"书友驿站"的牌匾。一方面，驿站拥有者很认可品牌方的合作荣誉；另一方面，牌匾也能吸引一部分书友到店消费，一举两得。

矩阵式营销

学习和模仿跟随一直是樊登读书的代理商中盛行的做法。

早期樊登读书做公众号，代理商也分别建立自己的公众号，建立自己的私域流量；短视频风口来临时，樊登读书建立自己的短视频账号，代理商也纷纷建立自己的短视频账号。换个角度看，在不同的生态圈中，都有樊登读书的矩阵号传播和推广。后来短视频账号基于原创视频平台规则的逻辑限制，收缩了账号规模，因此短视频平台的"自来水"流量也受到了影响。

许多人对樊登读书在短视频平台创造出流量巅峰的原因做过总结，我自己的总结是：

第一，樊登读书在短视频平台崛起之际，是为数不多的有视频这一形式的知识付费公司；

第二，樊登读书生产的内容来自书籍，天然可以被拆解成许多具有独立完整的知识点的短视频；

第三，樊登读书的选品类别是事业、家庭及心灵，具有普遍适用性，所以几乎可以突破短视频平台的标签限制，从而规避流量衰减；

第四，樊登读书的代理商受总部默许和鼓励，设立了非常多的账号，这些账号和总部的账号形成账号矩阵，扩大了樊登读书在短视频平台的覆盖面；

第五，还有一个最重要的原因，那就是樊登老师在视频中的表现，无论是感染力、说服力还是趣味程度，都是超一流的。正是因为有樊登老师这样的超级 IP，才有创造超级传播效应的可能性。

当然，这所有的一切，前提依然是建立在对商业价值观的坚守上，这样才能在创新途中不迷失，保证自洽和续洽。

▌ 浪潮式营销

在樊登读书的整个发展历程中，大型营销活动一直是业务增长的关键节点。按照惯例，每年 4·23 和双 11 一般都有大型营销活动，或以注册用户的规模为目标，或以付费用户的规模为目标。每次大促之后，业务规模都会上一个新的台阶，代理商的规模也实现一波增长。如今这样约定俗成的浪潮式营销，在最开始是源于我的一个即兴提议。

从 2013 年年底到 2016 年年底，虽然已经发展了三年多的时间，但我们的整体用户规模只有不到 42 万。当时我们认为付费用户数才是关键指标，所以对于非付费的注册用户的运营是非常随性的。2016 年下半年的某一天，我突然意识到我们的代理商发展模式固然是一个稳定的增长模型，但它其实是一种线下完成对用户筛选和营销过程的模型，只是呈现到线上的结果是精准的付费用户；这三年中，我们同时也忽略了从注册用户转化到付费用户的漏斗增长模型。时至今日，绝大多数 App 都依靠这个模型来获取用户，但是我依然不希望通过投放来获取注册用户，一方面是要面对很实际的获客成本问题；另一方面数据也极有可能失真。

想清楚之后，第二天我就和团队提了一个目标：到今年 12 月底之前，把注册用户发展到 100 万，而且只有 5 万元预算。大家一听头都大了，头脑风暴的第一天，我们只总结出四个苛刻的条件：第一，预算太少，只有 5 万元；第二，时间太紧，只剩下两个月；第三，方案要简单，当时产品技术团队总共 7 个人，还有日常迭代需要兼顾，所以尽量少动用技术开发资源；第四，不能是常规方案，常规方案无论如何都不可能一个月增加 60 万注册用户的（还要留给技术开发团队一个月时间）。

我们把这些苛刻的条件写在白板上，每天下班之后，大家都被关在狭小的会议室里天马行空地想方案。经过一个礼拜的痛苦脑暴之后，我们的团队还是想出了一个非常棒的活动方案：分享赚会期——已注册用户每推荐两名新的用户注册，系统就自动给其增加7天正式会期，最多可以送一年会期；活动周期是一个月。其实对于一个月的时间内是否能够增长到100万用户，我们所有人心里都没底。一方面是时间不允许，产品技术时间不能压缩；另一方面，方案受到了代理商的挑战，活动时间不宜过长。

代理商的质疑条条在理。第一，把付费用户的付费会期当成免费会期来引流，是对付费用户权益的不尊重；第二，这样的活动势必导致当月的付费用户数量骤降，毕竟能免费获取会期，谁会付费呢？这会直接影响到代理商的当月收益。但这时候我的"自由意志"起了重要的作用，用户数量的突破是我的核心目标，不以别人的意志为转移，为此由我来承受代理商的质疑理所应当。

我们用30张海报，分别围绕几个方向造势宣传。

品类占据：通过"手机听书，我只用樊登读书会"的宣传标语强化用户的品牌认知和记忆。

礼品抽奖：当时的5万元主要用来买 iPhone7P 等奖品，恰逢双11，我们每周都进行排名分享和抽奖，营造了用户对排名热烈关注的氛围。

场景打造：告诉用户在地铁上、堵车时、做家务时，都可以听樊登读书会。

在正式活动中，用户的热情超过了我们的预期。11 月 11 日晚上，累计注册用户数已经超过 50 万。后来我们查看数据，发现不仅老用户的拉新能力很强，新用户的分享意愿也很强，新用户带新用户成为这次活动能够成功的主要原因。我们第一次感受到了内容的爆发力，以及用户传播的力量。

当然，除用户之外，代理商也是持续转发宣传资料的主力，每篇公众号推文都会被代理商转载；代理商还会因地制宜地做一些推广和宣发。

从 2016 年的 11 月 10 日到 2016 年的 12 月 9 日，经过一个月的时间，12 月 9 日晚上 23∶30，第 1000000 个书友来到樊登读书。

自此，以 4·23 和双 11 为核心节点的大型营销活动正式搬上了樊登读书的历史舞台，成为樊登读书重要的发展节点和用户增长手段。

樊登读书的增长飞轮

内容即流量的根本思维，是驱动樊登读书实现从 0 到 1 的发动机，也让樊登读书在整合了多重资源之后快速发展。樊登读书的增长飞轮是通过下面的方式搭建并运转的。

以优质的内容为起点。樊登读书增长飞轮的起点是优质的内容。也就是说，樊登老师的书籍解读音视频撬动了第一波种子用户，并且在这些铁粉类的种子用户中，收获了第一波代理商。樊登读书的代理商都不是专门做品牌代理的代理商，而是从铁粉中发展出来的边缘型从业者。这部分后面将详细论述，此处不作赘述。

用户自传播和代理商推广并行。优质的内容对于用户来说，是有用的、有启发的，并且能够对生活的方方面面产生切实影响，所以用户乐于自发传播这些优质的内容。用户的自传播极大地提高了内容的分发效率。同时，代理商的线下推广能够快速实现付费用户的增长和裂变。在很长一段时间内，公司都没有进行过任何获客投放，仅靠用户实现传播，靠代理商实现付费转化。

各流量平台的内容矩阵的建立。基于总部以及代理商的自媒体账号，形成了微信生态中的公众号矩阵，以抖音为核心的短视频分发矩阵等。这些平台的潜在用户，以关注账号的粉丝的形式沉淀在各个账号上，最终通过总部以及代理商的推广和服务动作，转化为樊登读书 App 的付费用户。这些付费用户也会再次产生用户裂变以及复购其他产品。

整个樊登读书的增长飞轮，以历次的大型营销事件为主要推手，实现了用户和收入的阶梯式上升。以每年的 4·23 世界读书日以及双 11 为主的现象级营销活动，调动了樊登读书能够整合到的全部资源和力量，屡次实现短期内的用户爆发式增长，也成为激励代理商们的强心剂（见图 1-4）。

图 1-4　樊登读书用户数量增长柱状图

当然，随着用户规模的增长和品牌声量的提升，樊登读书也吸引到了其他的优质 IP 来合作，形成了多品类的内容产品。同时，依托于代理商的线下营销实力，樊登读书也实现了产品体验的纵向加深，从线上产品拓展到训练营产品，再进一步拓展到了线下培训产品。

总的来说，以优质的内容为根本，协调好各利益相关方，在懂业务也懂人性的团队管理下，这套增长飞轮的运作机制是良好而有序的（见图 1-5）。

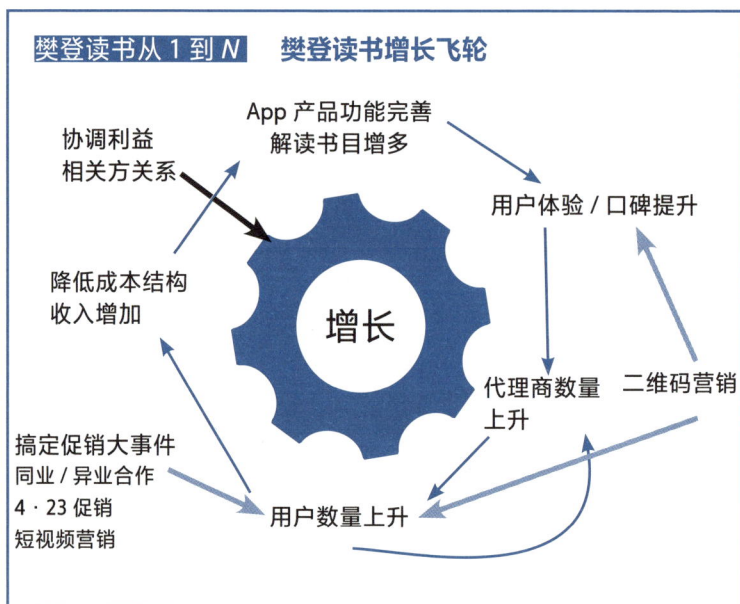

图 1-5　增长飞轮

02

共同愿景促成真诚合作

相信别人是一种能力

现代管理学之父彼得·德鲁克在他的《管理的实践》[①] 中提到：“企业需要的管理原则是：能让个人充分发挥特长，凝聚共同的愿景和一致的努力方向，建立团队合作，调和个人目标和共同福祉的原则。”

我们也是基于这样的管理原则，避免了大部分的冲突和矛盾。不管是前期团队选人的难题还是中期业务发展的挑战，或者企业管理中遇到的各种问题，我们之所以能很好地应对，我认为是共同愿景起到了纲领性的作用。

企业发展早期，樊登读书的几个合伙人并不相熟，但是基于共同的愿景——想让更多人爱上读书这件事，我们聚在了一起。樊登老师良好的读书习惯和强烈的分享欲自然是樊登读书创业的基础。而我当时主要想的是，樊登老师讲得好而且可持续，对于普通人来说，内容听得懂而且听完有收获，所以讲书这件事本身就有价值，收费会让这件事情更加可持续。另外，

---

① 德鲁克. 管理的实践 [M]. 齐若兰，译. 北京：机械工业出版社，2006.

站在消费者的视角来看，市场也很大。而且我从一开始就觉得，美好的社会价值的实现离不开可持续的商业模式的承载。实行内容收费，从那时开始就成为我们的选择和坚持。

直接做内容收费并不容易，在相当长的时间内，只有零星的会员加入，那时我们就用简单的分成方式维系几个合伙人之间的合作关系。随着业务的发展，我们有日均 10 个会员时，才成立了公司。此时，我们才正式约定了大家的股份比例，这个比例随着公司的发展，后来又调整过几次，当然，这是后话了。

对于我们异地创业的方式——樊登老师自己长期在北京，我带着团队在上海，很多人是惊讶和不解的。很多朋友说完全看不出异地创业对我们有什么影响，不少人一直误以为我们都在北京，还有些人以为樊登老师也在上海。

就我自己而言，我从没有觉得异地创业是个问题，但被人问得多了难免要思考一下。可能我们都是愿意相信别人的人，有简单相信的能力，并且我们从一开始就拥有共同的愿景。

相信别人是一种能力，它是一个人底层世界观和价值观的体现，装是装不出来的。樊登读书创立初期的一段时间内，PPT 都是通过樊登老师的个人邮箱发送的，他当时毫不犹豫地把私人邮箱的密码给了我。我至今仍然觉得这件事情不可思议，或许正是因为我们愿景一致，且有相信别人的能力，在推进事情的时候才顺畅了很多。

在"相信别人"这个方面，我确实有些感悟可以提供给大家参考。

▌ 背靠背，把身后交给队友

创业初期，合伙人之间的分工简单，每个人分别负责一个板块。但是面对未知的创业历程，一切都在摸索中进行，每个人负责的板块都有非常多的问题，很多时候，我们会忍不住关注别人做得不好的地方。这时候，大家的压力也都挺大的，一旦我们开始盯着别人的不足并去指责，就很容易爆发不必要的矛盾和争执，事情的推进也会受到极大的影响。相反，当我们能够遵循背靠背理论，把注意力放在自己负责的板块，而不是去点评别人的时候，才能更好地推进我们的项目，把每个人最大的优势发挥出来。因为你要知道，创业初期条件最为苛刻，从 0 到 1 是创业最困难的阶段，所以各业务板块有不足很正常。这时候带给合伙人的考验并不是"业务不足"这件事本身，而是合伙人对这件事的反应。大家需要做的是，背靠背，直面自己的战场，努力迭代，把身后交给队友。

▌ 分歧不投票，倾听更重要

合伙创业其实特别像谈恋爱和结婚。开始的时候，大家目标一致，技能又互补，特别容易走到一起；但是时间长了，大家各自的目标有了变化，对未来的设想也变得不一样，就有了分歧。从分歧到分开，是极有可能的，我们也经历了合伙人的离开。

2013 年年底刚开始创业的时候，我们有 3 个合伙人：樊登老师、田君琦和我。2015 年年中，经过最艰难的一年多的发展，公司业务终于有了起色，但是由于用户增长速度非常缓慢，我们 3 个人对于未来的发展有了不同的想法。我和樊登老师认为应该沿着付费的商业模式继续积累用户，慢一点无所谓，关键是这个模式很值得坚持；田君琦认为应该用免费内容吸引更多的用户，再用线上投放的漏斗模型获取更多的付费用户。对于这个业务发展方式的分歧，我们没有用投票的方式决定，而是讨论了很久。我们详细地分析两种模式的差异，但即使再怎么详尽地分析，在当时的背景下，从我们的视角出发，以我们当时的能力，也确实很难分析出哪个模式能够成功。反复沟通了一个月之后，我们依然没有办法就业务发展方式达成共识，所以田君琦决定离开。

当时，我的压力很大，一方面公司业务发展并不稳定；另一方面田君琦所负责的产品和技术板块，我从头到尾都没接触过，需要有合适的人来接手。当然最重要的还是我内心很难受，我和田君琦一同开始创业，都是一分钱工资不拿，靠自己的积蓄贴补项目，熬过了公司最困难的一年半，好不容易迎来了一丝展望未来的更大可能，他却因为想法不同离开了，他真的是一个有梦想、纯粹做事的创业者。

幸运的是，硬币还有另外一面。对于合伙人的离开，我们彼此处理得很好。当时我们的技术总监是田君琦的大学室友，但田君琦离开的时候并没有带走他，大家还是好兄弟。我跟田君琦约定，大家都去追逐自己的梦想，互相支持，而且樊登读书也随时欢迎他回来，他的股份将继续保留。两年后，也就是2017年年末，田君琦回归并创办了樊登读书的第一家子公司——一书一课，也就是樊登读书的企业版。我们再次成为亲密的合伙人。

总而言之，共同的价值愿景让大家一起合伙创业，彼此之间的信任和坦诚让大家互相配合做事情的过程变得简单高效。即使不再一起共事，大家也依然是朋友。

永远不做零和博弈

2015 年 3 月，早春的天气很明朗，我们在上海召开第一次代理商会议。7 位代理商陆续到来，分散地坐在不大的会议室里。从 2014 年年底到 2015 年年初，仅仅运营了几个月时间，他们就觉得项目发展不如预期，产生了很多抱怨和吐槽。

当时，田君琦负责产品系统的开发，被吐槽的点比较多。他和我一起坐在类似主席台的位置，会议开着开着，我发现他的头都快埋到桌子底下去了。我实在看不下去，就站起来说："第一，大家为什么要有这么多的抱怨呢？为什么不能再耐心一点点？如果仅仅是出于对几万元的代理费的担忧，那么大家可以选择友好退出；第二，各位本身也是樊登读书会的用户，大家应该清楚，这个项目的核心竞争力在于内容本身，现在的产品技术确实有挺多不足和需要完善的地方，但是并不影响核心价值的体现；第三，假如项目的产品系统都已经非常完备，那各位是不会有机会深度参与进来的。"

然后，我再次重申了背靠背理论："作为区域代理商，大家应该关注眼前的区域销售、区域服务、用户反馈，等等；作为总部，我们应该快速迭代和完善产品系统，优化用户体验流程。大家都花时间和精力盯着自己该负责的板块，这样才能互相协同。如果大家真的没有共识，也可以随时退出，不强求。"

为了进一步激励大家，我还提出一个理念：参与项目越早的人受益会越早，离这个项目越近的人受益也会越大。因为大家首先是产品的使用者，是书籍的受益者，离得越近，接触越多，收获也会越大。我让所有代理商都明确一件事情：这个项目首先是一件让自己受益的事情，而不只是一个纯粹的商业活动；如果不是真的认可这件事情的意义，是很难主动参与到这种早期的项目中来的。

整体而言，樊登读书与代理商的合作有下面几个特征。

▌ 强烈的愿力 > 影响力和资源

有人问过我，什么类型的代理商能做得更好。原先我们认为一定是资源更多的、区域内影响力更大的、能够短时间内爆发出更大力量的代理商会做得更好，可是后来发现，我们的预判全是错的。

2016 年年底，全国 80% 的地级市都有我们的代理商合作伙伴。我们统计并复盘这些代理商的业绩差异和背景差异后，发现和我们预期的恰恰相反，那些在当地几乎没什么背景和资源的所谓的"边缘型"代理商，靠着意义感坚持到最后并取得了不错的成绩。因为他们更愿意想办法，更愿意付出时间和精力，更愿意在挫败和迷茫的时候坚持下去；而那些一开始就拥有很多资源的代理商并没有做得很好，甚至多数人只做了一段时间就退出了。因为在2014年，我们的产品模式和商业模式都太新了，在实际推广过程中，开口说第一句话的时候，就要面临很多挑战，比如樊登是谁，樊登读书是什么，凭什么要收费，等等。这些都是最常面对却最难回答的问题。对于那些已经在当地有相当一部分资源的人来说，他们其实有更多的选择，权衡机会成本和回报之后，很可能就不再愿意花精力做这个项目了。

有个代理商曾经讲过一个故事。他之前是4S店的店长，做这行做了很多年，也认识了很多朋友。在接触樊登读书之后，他毅然辞职，全职做了代理商。有一次他在给一个朋友推荐樊登读书会员卡时，那个朋友直接递给他300元，然后说"你不用给卡了，我不需要这东西"。他的朋友很疑惑：我们之前都是干往来几十万上百万元业务的人，你怎么开始推广这种不切实际的东西呢，这能赚多少钱？这类质疑很多，如果不是对于让更多的人读书这件事情有一定的信念，早期开疆拓土的代理商是很难坚持下来的，事实上这个过程中也确实有一些人退出了。

不过，我们的代理商也呈现很有意思的变化过程：陕西西安的代理商是江苏徐州人；由于陕西代理商已经确定，当时在陕西西安已经成家立业的一个会员也想做代理商，就只身去河南做代理商，每月往返于西安和郑州；在河南代理商已经确定之后，我们的一个河南的会员做了山东代理商，他是专门为了做樊登读书的代理商，一个人开车跑到人生地不熟的山东，白手起家做我们这个项目的；一个山东籍的会员在苏州上班，原本是个普通的上班族，后来辞职做了江苏代理商。我们开玩笑说，我们和樊登老师是异地创业，我们的代理商也是异地创业。

这些都是代理商付出努力的事实，我非常尊敬他们，我们都是将乐观融入血肉的创业者。

▍一致性的组织文化

一个组织中，大家要靠什么达成共识，朝着一致的目标去努力，并且最大限度地减少可能的摩擦、分歧和冲突？我认为要靠组织文化。

对于樊登读书的代理商，我们有一条最基本的要求：代理商及其员工，需要跟随 App 完成每周一本书的学习。正是这样的学习，帮助大家达成了理念和方法的共识。大家一起跟着学习，然后一起实践应用，才能真正成为书籍的受益者。

举个例子，一般公司管理代理商，会尽量避免代理商直接组成社群和互相交流。因为如果代理商被放在一个群里，大家可能会各种抱怨和吐槽，造成不易应对的局面。但是我们一开始就把所有代理商放在一个群里，因为我们相信代理商有更好的吐槽和提建议的方式。早期我们的 App 特别不完备，经常出现闪退、卡顿、音视频不能播放等问题，常常被代理商吐槽。但是这样的吐槽不会演变成无意义的抱怨，当有人只是抱怨却不提供有价值的建议时，总会有其他代理商伙伴站出来提醒他：咱们不是讲"非暴力沟通"吗？能不能请你用我们学到的方式来沟通交流呢？一个本来可能无意义的吐槽式发言，经过大家互相提醒和交流，反倒可能成为金子般的好建议。

当然，在与代理商合作时，要注意以下两点。

第一，代理商的社群一定要能发挥群策群力的效果，要允许大家发表不同意见，这一点很重要。代理商是同我们一起奋斗的战友，提出意见是因为他们跟我们一样热爱这个项目，希望它变得更好。

第二，要形成良好的提意见的氛围和方式，因为我们处在"知识传播"行业，天然地直接受益于书籍中所讲到的沟通理念和方法。樊登读书早期讲的书籍尤其关注沟通和心态调整等方面的技能，比如如何与员工沟通、如何提意见、非暴力沟通、二级反馈等。代理商如果想要很好地推广产品，就需要学会并且运用这些知识。

根本上来说，我们不是怕代理商提意见，而是怕代理商带着情绪提意见。所以，当A代理商带着情绪说话的时候，B代理商会建议他把情绪放下再沟通。代理商本身既是我们产品的使用者，也是受益者、传播者和从业者，所以，几种身份合在一起就决定了总部和代理商在理念和目标上是一致的，代理商自己的理念和行动的一致性也很强，我们对代理商的管理也相对简单。

　　总部和代理商之间的关系也可以被视为一个松散的组织，要最大限度地消弭这个组织的摩擦和分歧，同时保证组织成员间的配合和协作，必须更多地靠组织文化及其所营造的氛围，而不靠某些看起来更强硬的管理规定或者手段。因为强硬的管理手段会带来额外的管理成本，额外的管理成本会带来更多不可兼容的问题，进而导致更大的摩擦出现。如果最终营造出互不信任的不合作氛围，那么组织成员内心的对立感会让组织更加难管，甚至走向瓦解。对于相对松散的组织形态而言，不是靠"用力"管理就能实现组织协同，合作方要随时保有"用脚投票"的权力。

　　总的来说，明智之举是能说清楚的就先说清楚，不能的就一边做一边调，调整的过程友好协商，协商不成就互相妥协。无论如何，永远不要做零和博弈，永远不要去破坏信任的基础，破坏了就回不来了。

▌始终保持开放和包容的心态

　　樊登读书的开放心态，体现在两个方面。

　　一方面是面对代理商，能站在他们的角度考虑问题。真正衡量我们的项目是否成功的，并不仅是他们在樊登读书项目上的回报，还包括他们能否实现个人的成长和成就，后者才是让他们持续奋斗的动力，也是我们合作的根基。所以我们并不用死板的要求和规则约束他们，而是希望他们能在目标一致的前提下积极创造，大胆尝试。

另一方面，我们对同行也很开放。到 2016 年年底，我们的代理商体系已经覆盖全国近 80% 的地级市。代理商不仅做销售，也帮我们把品牌推广做得有声有色，许多同行都来向我们取经。一般情况下，我会带着相关同事很认真地给他们分享心得及经验。

我认为代理商是市场共有资源，与品牌方之间是非常松散的合作关系。代理商及团队是否会将足够的精力和时间投入品牌方，取决于品牌力、产品力、收入分配机制的合理度、是否有共同的理念以及彼此的合作愉悦度等。代理商群体是一个动态的松散组织，总是有人进来有人离开，做代理的时候我们是伙伴，离开依然是朋友。

而且，知识付费的市场还很小，能通过更高效的知识传播，让更多人学习受益，善莫大焉。我们分享的方法论如果能让同行参考，一起把这个行业做得更大更红火，是多好的事情啊！

总之，代理商一直是樊登读书亲密的合作伙伴。他们对樊登读书的理念认可是所有合作的根基，他们如同沙丁鱼群一般，保有与总部统一行动的权力，同时也保有随时"用脚投票"的权力。合作还是离开，取决于这个松散组织的组织文化，而这样的组织文化无关乎形式，只关乎信任。信任在，简单做事即可。

投资人只是锦上添花

人们常说，千里马常有，而伯乐不常有。这句话也适用于创业者与投资人。在创业初期，很多创业者会迫切地把商业计划书写好，然后不断寻找投资人。在见投资人的时候，大家通常会遇到以下几个问题。

▍投资人的口碑不太好

我觉得这个问题非常主观。因为同一件事，人们的看法千差万别。投资人口碑不好，是从什么角度观察得出的结论呢？投资成绩不太好？或者其他投资人 / 创业者 / 媒体的评价不太好？还是说你对投资机构的了解欠缺？角度不同，最后的应对方法也有很大的差别。

▍早期不知道如何选择投资人

老实说，我们在早期接触投资人的时候，大部分情况下没有那么多选择的余地。至少在创业初期，出现很多选择的可能性极低。因为在创业初期，你能了解并接触到的投资机构非常有限。我的建议是，如果彼此有缘又交流沟通了很久，最后有可能产生携手向前的机会，就尽量不要轻易地错过它。

▌投资人投项目，投的是什么

不同的投资机构肯定有不同的投资风格，各自青睐的赛道、公司以及创业团队可能都不太一样。而且，投资决策也取决于投资阶段。早期投资人很多投的是人，是基于对创始人的判断投的。因为受各种不可控因素的影响，早期项目的预期和设想随时可能被打乱，这个时候投资人会更加看重这个创始人，看他是否靠谱、是否对商业有雄心壮志、是否有热爱、是否有韧性、是否有行业洞察力，等等。

但是，如果是企业已经步入正轨，处于成长阶段的时候，投资人更加关注的是业务本身，也就是企业的经营业绩、企业发展速度、企业进一步扩张的可能性、企业可能面临的风险以及解决问题的能力，等等。

当然，我也在做一些小投资。我不太计较短期回报，在对某个人、某件事有个基础的判断后，在不影响个人生活的情况下，做一部分投资。当然我也有一些朋友，会做一些永不退出的基金，投给那些可以帮助生活变得更美好的项目。如果这些项目未来有了盈利，有了回报，这些收入也会被不断地重新投到基金里面，用来滋养新项目。

大概了解这些问题之后，大家可能会非常关心怎么处理与投资人的合作关系。

▌ 分歧：调整角色、调整结构

我们和投资人的关系一直都比较友好轻松，一方面因为我们的业务逻辑比较简单，发展方向也相对清晰；另一方面项目本身一直是稳中向好，所以我们和投资人之间的分歧一直很小。

如果创业者和投资人真的发生严重分歧，一定是因为企业发展遇到了一些大的挑战，或者公司所处的竞争格局发生了变化，这种情况下应该和投资人尽力协商，调整角色，重整结构。

▌ 分钱：动态调整、协调让步

在创业的不同阶段，创业者和投资人分钱的方式，可以根据具体情况做一些动态调整，只要做好协商，相信大家都能够处理好的。基本的逻辑还是如前面所说，能事先沟通清楚的就事先沟通清楚，不能的一边发展一边调整，在调整的过程中遵循友好协商的原则，实在协商不成就互相妥协。

给大家介绍一个我个人坚守的原则。我在做类似的关键决策时，会先想一想：如果 10 年或者 20 年后，和合作伙伴、合伙人或者员工再次相见，我有没有脸见他们，我的心态是否是坦然和愉悦的。只要觉得那时候依然问心无愧，那这个选择就没有问题。在很多关键时刻，这种长期的价值主义，指导我做对了很多当下看起来很难取舍的决定。

▌ 数据：实时数据，动态图显示

有人问我，会不会有时候需要给投资人假数据，我觉得这个事情根本没必要去做。我们最开始做了一块展示阅读指数的电子数据屏，上面包含新增注册用户、付费用户、用户听书本数统计等数据，实时更新，数据完全透明化。

当时有人建议我们，展示数据可以乘个系数，我愣了一下，为什么要乘系数呢？我觉得没有必要，该怎么样就怎么样，何必演给别人看。在数据方面，我们一直是实实在在地展示真实数据的。

曾经有个创业的朋友说，投资人希望看到漂亮的用户数据，所以会极力建议他们多投放获客，把数据做漂亮。我的建议是，如果把一些做战略储备的资金用来获取更多用户不符合公司当下的经营意志，就不要做；如果花钱去获取用户，和公司的战略意图是切合的，那就去做。总之，这个看具体的业务情况。很多时候当投资人和公司经营者的意志出现偏差的时候，应该更多地尊重企业的选择。

总的来说，要尊重投资人，但也不要神话投资人。同时要清楚，操盘手最有话语权，要以企业运营为中心，不要指望投资人的加入就能彻底改变什么。你要知道，投资人能够跟你达成理念共识，不断地锦上添花去帮助和支持你，就已经很好了，但不要指望投资人会扭转你的命运，一开始就不要抱有这样的幻想。

"我"做不成的事情，"我们"可以

　　所谓"打造梦幻团队"，对于大多数人来说，不是将一群完美的人组织在一起，而是让一群不那么完美的人，变成一个完美的组合。

　　我一直相信，一个人做不成的事情，一群人可以。"我"做不成的事情，"我们"可以。

　　在未来，我认为企业这种组织形态将会被淡化，平台和个体将会崛起。打工人越来越少，创业者越来越多，更多的老板和员工将会从雇佣制渐渐转变成合作制或者合伙制。员工渐渐消失，合伙人越来越多，大部分人都有机会借由互联网，运用自己的知识体系（个人 IP）创造内容，输出自己的价值。

　　说到个人 IP，我不认为有了一定的粉丝量的个人就是 IP，我们还要看他的号召力，在某个垂直维度是否有一定的影响力又能很好地传递价值，看他是否能与用户保持高频的互动。

　　现在，越来越多的人想要打造个人 IP，组建自己的合伙团队，但在我看来，创业早期寻找合伙团队，往往是一个靠缘分的事情。作为普通人，很少有人能够像小米一样组织那么多精英，直接打造一个梦幻团队。所以，在这个过程中，我们一定要调整好自己的预期。即使不都是完美的人走在一起，也能通过互补组成完美团队。

有人说创业需要三类角色，一个"做梦"的，一个对内的，一个对外的。以樊登读书为例，负责"做梦"的是樊登老师，他是精神旗帜，经常到处演讲，输出我们倡导大家读书的这个宏愿。负责对内的那个人是我的合伙人田君琦，他负责产品和技术。我负责对外，不管产品成熟还是不成熟，糟糕还是完善，我都要不断地跟外界沟通，协调资源，负责销售、运营、客服等诸多对外沟通的事宜。

知识付费这个行业，最早貌似只有一个可以学习的对象，就是传统的明星经纪公司，但他们的模式很快就显现局限性。回头来看，但凡跑出结果的头部个人 IP，他（她）的发展几乎都不适合用这种模式。采用类似明星经纪公司模式的 MCN 公司，能孵化出一批在某一个行业或者类别中有一定影响力的 IP，但很难孵化出头部 IP，这是我观察到的现状。期待用类似明星经纪公司的模式来维系一个头部 IP 是基本不可能的。那么，究竟应该怎么设计合作模式呢？

动态平衡

我们发现了一个规律：有一个合作模式的两端，一端是传统的经纪模式，另一端是个人工作室，所有的合作模式都处在这两端中间的某一个状态，而且会随着个人 IP 发展阶段的变化而变化。举个例子，我有一些做 MCN 的朋友，在打造某个主播 IP 的过程中，实际上就设计了一个可以动态调整的协议机制。比如说，最早公司为 IP 打造付出了极大的成本，设计了一个基础模式；然后随着这个 IP 成长为更有影响力的 IP，IP 持有者的主动权和话语权会更多，那合作机制自然需要向 IP 倾斜。因为一旦不接受这样的动态调整，就只剩下业务萎缩或者分道扬镳这两个可能性，没有别的可能性。接受动态调整，是更优的理性选择。一般情况下，虽然合作策略不一定是最优的生存策略，但是往往最优的生存策略都建立在合作策略之上。

▌凭借良知和常识

其实不管处于什么样的合作阶段，彼此要想长期合作，都需要凭借良知和常识。一方面，合作双方应该都清楚什么样的合伙状态是比较合适的，每个人心中都有一杆秤，都有一份良知，用大白话说就是"心里有点数"，这是做事的逻辑；另一方面，要有基于良知的常识，要控制好利用信息差或认知差去谋取短期收益的欲望，千万不要投机取巧，这是做人的基本要求，也是简单做事的要求。

▌长期主义

抱着利用认知差或者信息差投机取巧的心态，你跟谁都不可能达成长期的合作。很多人都认为自己是长期主义者，但事实上他们做出来的事情表明，财富对他们而言更重要。对大多数人来说，重要价值维度的集合是相似的，比如自由、平等、美德和财富等；但不同的价值维度的排序，才真正体现了每个人的价值观差异。比如，以美德为首的价值观，代表必要时刻可以牺牲财富，反之亦然。条件越苛刻，冲突越剧烈，不同价值观的差异就越难以掩藏。

稻盛和夫的《心》[1]这本书中有一句话说："是否适合当领导者，由'心根'决定。"心根，也就是一个人的人性。如果我们能像稻盛和夫一样，常常以"动机至善，私心了无"[2]这句话来逼问自己，或许就始终不会偏离正确的道路太远。在这个体、合伙盛行的时代，以良知和常识为基础，坚持长期主义，在发展中寻求动态平衡，就会更容易接近成功。

[1]　稻盛和夫. 心 [M]. 曹岫云，曹寓刚，译. 北京：人民邮电出版社，2020.
[2]　稻盛和夫. 干法 [M]. 曹岫云，译. 北京：机械工业出版社，2015.

03

大道至简的商业模式

少就是多：樊登读书的商业价值观

《道德经》中说："万物之始，大道至简，衍化至繁。"大道至简，是樊登读书一直追求的价值观，也是我对简单做事的极致向往。

在我看来，一个企业的商业价值观，反映一个企业对重要价值维度的排序，以及对关键决策维度的取舍。一个能够长远支撑企业运作的商业价值观，往往需要建立在对支撑企业立足的核心产品的深度理解之上，并由此延伸出一套自洽的商业模型作为支撑。

樊登读书的使命一直很纯粹、很简单——"帮助3亿国人养成阅读习惯"。希望创造好的产品，帮助更多人读更多书，是樊登读书的基础商业理念，指导了樊登读书绝大多数的关键决策。

那么，为了让更多人读更多书，在以此商业价值观为指导的具体业务实施中，我们又采取了什么举措呢？

▌产品定位：大众情怀才有大众市场

对于读书这件事，一千个读者，就有一千个哈姆雷特。对于书籍在生活中的角色，不同的人也有不同的理解和认知。从书籍的出版目的角度来看，有些书籍是为了展示学术成果和进行学术交流；有些书籍是为了引起特定人群的共鸣；有些书籍仅供娱乐和消磨时间；还有很多书籍娱乐属性也很差，没有出版的必要。

对于读书，我有一个粗略的总结。我觉得读书就是一种学习，这种学习有三个目的：学以致知，学以致用，学以致乐。读书可以帮我们打开视野，探索更多的可能性，此为学以致知；我们也会通过书籍，学会解决生活中的很多困扰的方法，此为学以致用；同时阅读还会让我们获得精神上的愉悦和充实，打造自己独特的精神世界，此为学以致乐。

对樊登读书来说，从最开始的内容选择上，我们的目标群体就是大众，希望大众能够通过樊登读书，亲近书籍，学以致知并学以致用，进而学以致乐。

我们和行业内其他产品最大的不同，就在于我们的产品内容非常具有普适性。家庭、事业及心灵等普适性的内容，对大众都很有帮助。我们希望用户在生活中陷入困境的时候，能够打开樊登读书，寻求安慰或者寻求可能的解决方案。生活向未来展开，其过程中总是会出现各种难题。为生活难题寻求解决方案，是每个人的刚需。

因为选择了普适性，所以放弃了精英感。对知识产品精心包装，打造精英感和高级感，是知识和培训行业常用的套路。但是对于樊登读书来说，由于核心内容的定位是贴近生活，所以这套方法不适用。生活不需要包装，因此解决生活问题不需要特别的姿态。

除了选择的书籍是普适的，樊登读书内容的体验方式也是门槛极低的。

一方面，要想让更多人读更多书，内容首先不能太过晦涩高深。因此，樊登老师讲述内容的时候，常常让知识点和故事案例交替出现，同时对书籍知识点做延伸关联讲解，并辅之以延伸故事或相关案例。把一本书讲得普通人都能听得懂，就能让更多普通人愿意亲近书本。不少用户通过听樊登老师讲书，重新购买纸质书，逐字阅读，逐渐养成阅读的习惯。

另一方面，音视频交付，极大地降低了用户的读书门槛。前面讲到过，PPT 交付并没有得到种子用户的热烈反馈，说明PPT 交付也许解决了用户的书籍选择问题，但是并没有真正解决用户的读书效率问题，同时用户的读书体验感也没有得到显著提升。音视频交付，不仅缩短了用户获取知识的时间，还打破了必须"看字"的场景约束，用户可以在开车、通勤、做家务、跑步等场景中学习并收获知识，所以读书效率显著提升。

当然，我认为知识的获取存在取舍。也就是说，你不能既要求缩短时间、提高效率、降低难度，同时又要求知识具有完备性、系统性和精确性。作者、解读者、听众，是三个不同的个体，信息在两次"获取→理解→传递"的过程中，一定是存在偏差和疏漏的。因此，如果想要深入理解作者的思想，我们也积极建议大家有时间最好去阅读书籍文字。

需要强调的是，樊登读书为用户解决三个核心问题"没有时间读书""不知道读什么""读不懂"，并不是为了替代文字阅读。相反，樊登读书做了大量的支持文字阅读的行动，不仅让樊登老师直播卖书，还在积分商城卖纸质书籍，推出线上会员和纸质书籍联合的年度会员。樊登读书始终是书籍和用户之间的桥梁。

▌ 渠道策略：兼容代理商模式，相信他人的力量

让更多的人阅读更多的书籍，这一核心价值观同样支撑了樊登读书的商业模型。

在产品模型的选择上，樊登读书一开始就确定了以会员制为基础产品模型，其根本原因在于，让更多人亲近书本并养成阅读习惯，不是靠一本书或者几本书，也不是靠一个主题或者几个主题就能实现的，而是要靠长时间的阅读氛围浸染和高频次的阅读尝试，才有可能让人对书本产生陪伴感和稳定的预期，进而养成阅读习惯。

　　当然，选择了会员制这样的用户一揽子读书方案，就代表放弃了定制书单这样的用户个性化阅读方案。也就是说，樊登读书的选书偏好不以用户的意志为转移。曾经有段时间，亲子类书籍的呼声非常高，因此我们也建议樊登老师多讲一些亲子类书籍，被樊登老师拒绝了。他认为，亲子相关的书籍可以有，但是现有的书籍已经足够多了，如果亲子问题没有得到有效的解决，也许问题在于自我认知，在于自我实现，在于知道和做到的差别，总之不在于亲子书籍还不够多。此外，用户不仅要学习自己已经了解并想要学习的知识，还要学习那些自己不知道但有可能很重要的知识。所以，放弃了定制化阅读，也为用户知识面的扩展带来了更多可能性。

　　在商品定价的选择方面，樊登读书最开始的年会费为300元，之后进行了一次价格调整，调整为365元，并率先提出了"一天一元"的定价理念，也体现了"让一个人读更多书"的商业理念；在推出一天一元的定价时，我们做了大量的营销动作，将一天一元的定价类比其他日常消费，如吃一顿火锅，买一支口红，喝一杯咖啡等，以此凸显一天一元来陪伴用户成长一年的性价比优势。极致的性价比，对于价格敏感型用户吸引力很强，也适合大众的用户定位。当然，让用户做多次体验但只需一次性付费决策的产品模型，本身也有利于做用户的推广和裂变，因此是比较好的产品策略，也体现了"让更多人读更多书"的商业价值观。

从商业模型的选择上，樊登读书选择了代理商渠道作为主要的商业化路径，以试错风险最小的方式实现了最多人的认可和加持，因此突破了潜在的时间和空间的约束，对于早期品牌的建立和推广起到了重要作用。此外，前面谈到过，除了专门以推广樊登读书为职业的全职销售员，还有以积分为目标的为数不少的阅读推广员，推广员模型也充分体现了"更多人推广更多人阅读"的理念。

顺带说一句，早期樊登读书品牌力弱，IP 影响力有限，产品形态过新，尤其是产品客单价过低，很难支撑起直销模型。所以，樊登读书并不适合走直销路线。非常幸运的是，我们也没有强行推行直销模式。

当然，选择了代理商模型，也就是在"标准规范"的统一打法和"因地制宜"的花样繁多的创意打法之间，选择了后者。对代理商的包容和约束，亲近与疏离，是一门需要平衡的管理艺术。

▎营销逻辑：利他才是最大的利己

在樊登读书做 4 月 23 日世界读书日的营销活动之前，市场上对 4·23 的认知还非常少，基本上没有一个项目把世界读书日当成一个重要的营销节点来运作。

但是作为和樊登读书的商品品类极度契合的节日，我们将每年的 4 月 23 日当成非常重要的推广节点。在每年的 4 月，我们都以总部出活动方案，代理商高度执行的模式开展大型营销推广活动。活动模型很简单，买一年送一年，或者在此模型基础上进行微调。也就是说，一方面，用户可以用一年费用听两年书，符合我们希望"让一个人读更多书"的理念；另一方面，大型的促销活动也能够吸引更多价格敏感型的已注册但未付费的潜在用户以及不认识我们的陌生用户，符合我们希望"让更多人读更多书"的理念。

顺带说一句，虚拟产品的边际成本低，因此能够支撑起诸如"分享赚会期""买一送一"的活动方案。但如此大力度的营销活动的适用范围是有边界的，比如品牌调性本身过于高端，就不适宜做如此大力度的买送营销；如果实际履约成本会因为打折而大幅度提高，做此类充值促销前也需要认真进行利润核算。与普适化、大众化的产品类型相对应的，也是"众人拾柴火焰高"的营销打法。因此，这类打法需要冒着一定的品牌格调降低的风险来做，同时也不宜过于高频使用。

因为每个人对于知识的需求和喜欢的书籍类别都不太一样，如果只拿一个产品去践行"让更多人读更多书"的理念，显得有些狭隘。所以，我曾建议，在每个月的 23 日这一天，让樊登读书 App 内所有的产品都可以免费阅读。尽可能地让更多人读到更多的书，多读一些书，已经成为这个行业头部品牌的企业有义务做的更多的社会回馈。可是这个建议没有被经理层采纳，他们还是担心会对付费产品体系产生不可预计的影响，我也理解，但也表示遗憾，我们可能因此错失了一次成为国民阅读品牌的机会。

我们第一次做双 11 促销活动之前，有位投资人得知我们的计划，非常忧虑地问我说："为什么要和电商抢流量呢？在这个时间节点做活动是一个非常不明智的策略。"但事实上，我们只是在后台观察到很多活跃的非付费用户的存在，想要借促销的机会让更多人有机会花一年钱听两年书，所以就做了这个促销活动。活动效果表明，我们的策略是对的。

从 2014 年到 2018 年，我们每年的年会主题和代理商会议主题都是跟阅读和收获有关。不管这个项目的商业价值有多大或者多小，能够看到更多人因为樊登读书而受益，看到更多人自发地参与到读书项目中，我们就觉得这个项目已经实现了它自身的意义。

让更多人读更多书

查理·芒格说过:"我这辈子遇到的聪明人(来自各行各业的聪明人)没有不每天阅读的——没有,一个人都没有。沃伦读书之多,我读书之多,可能会让你感到吃惊。我的孩子们都笑话我,他们觉得我是一本长了两条腿的书。"[1]

作为投资圈的传奇人物,查理·芒格早已通过投资身价过亿。他的投资案例中,有公司每股股票价格从 19 美元升至 84487 美元[2],而他有一个特别好的习惯,就是不管走到哪儿,都会带本书。即使到了 90 岁的高龄,他仍然保持着读书的好习惯,他的大脑依然保持着高度活跃的状态。

我们一直坚信,读书可以改变认知,让我们站在更高的维度思考问题。随着视野和格局的拓展,生活中的很多难题也都会迎刃而解。所以,我们公司不管是对外还是对内,都在强调

---

[1] 考夫曼.穷查理宝典:查理·芒格智慧箴言录 [M].李继宏,译.北京:中信出版集团,2021.

[2] 林汶奎.查理·芒格的投资策略 [M].北京:中国华侨出版社,2019.

读书的重要性。

读书本身就是一个探索的过程。离开学校之后，不管是在职场还是在生活中，我们遇到问题时其实都要经历一个探索、找寻，然后思考、运用，再重新求解的过程。所以现在市面上很多知识类的产品，你可以根据需求选择性地拿来当工具，但是我觉得这一类的知识产品最核心的价值还是在于，能够通过阅读让人获得独一无二的精神满足，通过别人的故事或思考，收获不一样的人生体验。阅读看似无用，实则可以浇灌你的心灵，这个过程中形成的一些感性的、滋养精神的东西，是很难被机器、科技所替代的。

而樊登读书，就是通过讲解书籍，试图帮助更多人培养出读书兴趣，打开精神世界的大门，从而把认知真正提升到更高的维度。

那么，作为一家公司，我们的读书文化又是如何普及的呢？

企业的组织内部：互惠原则

我一直希望，自己和团队能够做到知行合一，自己提倡的文化自己去实践，并且从内到外进行扩散。我希望大家更积极地一起读更多的书，因为我相信以此为基础，会真正形成良好的读书氛围。不管是员工还是合作伙伴，大家都会在这个过程当中达成一致的目标，从而潜移默化地对企业文化产生高度认可。

比如，在公司只有 10 个人左右的时候，我要求团队执行一件事情，就是每周听樊登老师讲一本书，并且在例会上分享。当时并不是出于什么特别的理由，我只是认为，如果团队成员不去认真理解我们正在生产和传播的内容，甚至都不认可这件事情的意义和价值，那这个团队是没有力量的，也很难让用户真正认可我们。最开始团队很排斥，因为当时大家都很年轻，我当时也只有 28 岁，团队成员大多都比我年纪更小。有些团队成员会问："我既没有结婚也没有生孩子，樊登老师讲的家庭类、亲子类的书籍跟我没关系，我为什么要听呢？"我也没回答为什么，就强制要求大家听，并且表示在未来三个月的时间内，不要跟我提意见，照做就行了。团队坚持三个月之后，我再问大家的感受，他们反馈说挺有收获的，因为很多道理其实是相通的。管团队和带孩子，只是有些地方有差异，但很多地方逻辑是相通的。后来，每周听书成了管理团队自发的行为，管理团队会以同样的要求约束部门中的同事，这样通过一圈又一圈人群的影响，公司保持高度一致的企业文化，体现出组织魅力和张力。

再比如，有新人到樊登读书面试，不管他最后是否成功入职，我们都会送给他一张学习体验卡。因为我们认为录取不是面试的唯一目的，如果能通过各种各样的机会去影响人们多读一本书也是好的。

这其实就是一种互惠原则。我们付出的仅仅是一张读书卡，但是如果他们真的认可我们的产品，就可能会分享给身边的人，这样我们获得的回报往往大于最初的给予，也给我们公司带来了很好的宣传效果。

在我们公司，不管是在职还是离职的员工，大家普遍反映自己的读书行为和阅读习惯相比之前有很大的改善。有些员工从来不看书，来公司之后，比原来至少一年多看几本书。我们是真的把这种企业价值观融入企业文化当中，每个环节都去做设计，让大家了解、热爱我们的产品。只有这样，员工才能切实地和用户打交道，理解用户的反馈随时进行调整，而不只是闷头做事。

▍企业的合作伙伴：共同谋求破圈

樊登读书的内容足够大众化，适配范围很广。樊登读书不仅要求员工养成每周听书的习惯，在一些代理商的团队中，也在执行类似的听书学习任务。各地代理商在招募员工的时候，积极的读书文化也成为吸引各地优秀人才的重要优势。

在微信生态圈中，我们授权代理商做各地的樊登读书公众号，并给各个代理商的公众号开设白名单，通过总部公众号文字内容的分发和转载，帮助他们积累微信生态圈中的粉丝及私域流量，私域流量完全由代理商做运维操盘。

在短视频生态中，比如在抖音的传播过程中，代理商子账号能够按照地域 IP 触达不同的人群，也极大地增加了触达潜在用户的机会。因此，以樊登老师讲书的经典片段为核心的传播内容，成为读书文化传播的重要路径。早期的内容剪辑比较粗放，不同的代理商筛选的片段有所不同，因此也无意中通过平台的算法机制，筛选出了用户感知度最强的内容片段，同时也筛选出了对这类内容真正感兴趣的用户。

在线下活动中，总部定期出活动运营方案，代理商以本地用户为核心运营对象，根据实际情况运用活动方案，积极调动当地资源，积累本地用户社群及资源。当然更多时候，代理商会根据自己的实际用户画像出活动方案，真正做到因地制宜。

内容的终端用户：激发学习并分享的动力

在用户端，找到与用户进行高频互动的方法，一直是樊登读书重要的运营工作。从激励用户更频繁地对每一本书的内容进行反馈，到激励用户高频输出有价值的观点和评论，再到通过明确的活动机制激励用户进行分享和转发，与用户进行线上互动的成效一直是衡量樊登读书 App 内容和运营工作的重要维度。

在线下场景中，我们会邀请用户来到樊登老师的录课现场，也会邀请用户参与到新产品的开发中。比如，我们会邀请用户参与到我们新产品的设计中，或者新项目的开发调研中，真正做到知行合一。

此外，以二维码为基础的推广机制，也对用户的积极输出有很好的正向推动作用。一个用户如果分享自己的内容感受二维码给朋友，对此内容感兴趣的朋友扫码并成为付费用户之后，用户和朋友都会收到平台的积分作为奖励，以此形成裂变链条，串联起了不同人的朋友圈。

当然，只有以持续输出好内容为根本，才能建立起与用户良好的互动关系。

▌ 企业的社会价值：尽可能多地承担社会责任

前面讲到 2016 年 11 月，樊登读书迎来了第 100 万个用户，这个事件吸引了当时所有人的眼球。其实，在同一时间段，我们还做了另一件很有意义的事情——图书捐赠。我们的一组同事到贵州省黔东南州从江县丙妹镇长寨小学捐赠图书。用户突破 100 万，当时给我的感受是荡气回肠的，如今却感觉平平淡淡；捐赠图书馆这样的事情，在当时看起来稀松平常，如今回味起来却感动不已。

2016 年 11 月 25 日的公众号文章里这么记录着："我们来到了贵州省从江县长寨小学。这是一个有七个年级，150 多名学生和 9 名教师的小学。学校最新的教学楼是 1993 年建立的，距今已经有 23 年历史，由于资金短缺，教学楼的老式木质窗户没法翻修，教室里很冷。此外，由于师资匮乏，每位老师都要同时教授语文、数学、品德、体育和音乐课程。"

"放学后，有家长走路或骑摩托车来接孩子，大部分的孩子需要结伴走路回家，远一点的需要步行两千米。学校的老师告诉我们，当地没有什么收入来源，为了给孩子和老人更好的生活，很多年轻人都外出打工了，大部分孩子都是留守儿童。从县城到学校需要翻过一座山，山里人家进城采购日用品每次要花费超过 3 个小时的时间。"

"如果爸爸妈妈在，孩子们逢年过节还有机会去县城看看。但是因为大部分爸爸妈妈都出去打工了，所以大部分孩子没有去过县城。"校长说。

"拿到了新书，孩子们捧着新书迫不及待读了起来，识字不多的低年级孩子读着拼音也把诗读完了。"

后来，不仅总部会进行图书捐赠，代理商也会分别在当地开展各种类型的图书捐赠活动。"让更多人读更多书"的核心理念，实实在在地体现在了整个樊登读书的日常运营中。

让大家更好地读书

莎士比亚说：书籍是人类精神的食粮。没有书，人类的灵魂就会没有色彩；书籍是全世界的营养品，生活里没有书籍，就好像大地没有阳光；智慧里没有书籍，就好像鸟儿没有翅膀。

用户与读书这件事情的缘分，一定比用户与樊登读书的缘分更深。

樊登读书之所以有机会成为 6000 万用户的读书平台，最重要的原因在于它让原本不读书的人开始接纳书籍的陪伴，让书籍成为生活的一部分。随着成长和蜕变，大家一定会不断地找到更好的，更契合自我的学习提升方式。我相信，樊登老师希望看到的也是用户不断地自我提升，提升到有一天樊登读书都不能满足需求的阶段，然后开启另一段更加深入的探索知识和智慧的旅程。这应该是用户和樊登读书结下的最美好的一段缘分，相应地，樊登读书也完成了自己的使命。

我一直确信，在百花齐放的文化市场，樊登读书并不是用户唯一的选择，而是众多选择之一。对于用户来说，并没有所谓统一的好的选择，而是在不同阶段符合自己需求的选择。

移动互联网的大背景下，任何人想找资料都非常便捷，可以通过 B 站、抖音、视频号、快手、腾讯、百度、微博、知乎等各个平台检索到想要的资料。所以，你并不一定非得把你学习的方式局限于书本或者某一个平台。比如，我现在想要了解"阿兰·图灵传""硅谷百年史""二战解密"，我可能并不是直接通过书籍，而是通过电影先有个大致的了解，再回过头去看相关的传记。

一部好的作品，能够引发人们思考的维度必然是多元的，我们可以通过一部作品，去扩展学习到更多的内容，这必然是一个多元的、多渠道的、有意义的探索过程。

那么，回到樊登读书的价值观，我们该如何让大家更好地读书呢？

发自内心的动因

"动因论"曾提到，人们做某件事真正的动因是发自内心地想去做。这样，不论你身处顺境还是逆境，动因都将持续。

我觉得读书也是一样的，我们早期选书都非常务实，只从事业、家庭、心灵三类最实用的知识切入，不讲历史、文学、小说等。我们的产品更像小米粥，小火慢炖，最开始可能没有那么刺激，但是产品的内容对用户的影响是潜移默化的。

我们的"读书点亮生活"这句口号，其实也是说明我们的内容更加贴近生活，不是拿来吹牛的谈资，而是让大家拿来运用的生活工具书。另外，海量的经典可以拓宽我们的视野，让我们感受经典经久不衰的魅力。当然，到今天，随着樊登读书商业体系的完善与用户的成长，我们也陆续推出了更多种类的书，比如历史、人物、哲学领域的书，全方位地带领大家打开视野，拓宽阅读的维度，我觉得这非常好。

这些书籍品类的拓展，依然建立在"让更多人读更多书"的商业价值观的基础之上，这一点依然是至关重要的。

▎在变化中坚守，心法只为二字：简单

从简单做事的角度来理解，简单意味着自己提倡的理念自己相信并且坚守，并积极地体悟和实践。因为简单地相信，所以简单地看见，简单地做到。

同时，简单并不意味着傻傻地固守某一个产品形态或某一种商业模式，而是不执着于外在的表现形式，在变化的形式中坚守内在的核心理念，这才是真正的"大道至简"所喻示的简单。对于樊登读书来说，"让更多人读更多书"的理念是支撑企业关键决策的逻辑基点，这个理念可以直接指导多个业务层面的决策逻辑，大到前述的产品定位、渠道策略和营销策略，小到具体的业务投放策略、日常活动规划以及客服权限等。当业务推进过程中碰到具体的决策难题时，这个理念常常能帮我们做出对的选择。

有一次，一位省级代理商提出，想要让总部为当地的视障

人士组织免费提供一批为数不少的会员卡。在接到这个需求之后，团队进行了简单的评估和事实跟进，就立刻释放了相应数量的会员卡出去。这个决策虽然不符合赚钱的逻辑，但是符合我们的商业价值观。当赚钱逻辑与商业价值观相互冲突时，我们毫不犹豫地选择了后者。

当然，简单也意味着我们要兼容并包，以客观的视角去看待与我们不同的产品和模式。对核心理念的坚守是业务向外合理延伸和拓展的前提。

▌ 拥抱多元的变化

对道的坚守和对术的追求并不矛盾。相反，更开放、更积极、更主动地去探索其他的可能性，在术的层面更加顺应时势，是对根本之"道"更好的坚守。

樊登读书只是帮助用户读书的一种工具和方法。任何商业都不会是完美的产品模型和商业模型的完美组合，一定存在它的"阿喀琉斯之踵"①。所以根据发展需求来调整产品，甚至调整商业模型都是有可能的。

知道自己的不足和局限，客观地审视自己所处的外部环境，不断地主动寻求改变，拥抱各种变化，才有可能走得更远。

---

① 阿喀琉斯之踵，出自古希腊神话，指一个人或一件事的致命弱点。

04

用善意驱动管理

管理的本质是激发善意

现代管理学之父彼得·德鲁克认为，管理的本质，是激发和释放每一个人的善意①。企业雇用的是员工整个人，而不是他的任何一部分②。

这一点和王阳明的心学不谋而合。阳明心学中非常著名的四句话是"无善无恶心之体，有善有恶意之动，知善知恶是良知，为善去恶是格物"。什么是善良？善良就是苦来到你身上，你把它内化了，没有再传出去，更没有变本加厉地传递给其他人。有句话讲"世界以痛吻我，我却报之以歌"，善良是每个人都可以修的本心。

在王阳明看来，人有私欲，沾染在心体上的欲望就是灰尘，所以才要"格物"，才要"为善去恶"，一直到心体恢复光明，这个过程就叫致良知。相应地，管理实践中的致良知，也就是激发员工的善意，是管理中一个根本方法和目的。

---

① 邵明路.德鲁克：管理的本质是激发善意和潜能 [EB/OL].(2022-05-12)[2022-11-03].
② 德鲁克.管理的实践 [M].齐若兰，译.北京：机械工业出版社，2006.

我们公司也是基于同样的理由，形成了一种新的管理方式，目的在于激发善意。不是纯粹用绩效对员工进行考核，而是试图进一步拔高工作的评判维度，让每个人能够通过这份工作，找到自己的存在感、价值感和意义感，就像樊登老师曾经讲的"浇树浇根，管人管心"，我们更希望大家能够奔着共同的目标，一起发自内心地做好一件事。

这种管理方式，其实也是顺应时代而调整的，因为传统的绩效考核是一种相对机械刻板的规章制度。但是，一代人有一代人的情怀，一代人有一代人的追求，用传统的考核方式要求所有员工的做法，恐怕已经行不通了。

70 后和 80 后的员工，是非常务实的一代人，同时，也正处在承担重要家庭责任和社会使命的年纪，一般不会轻易离职。但是 90 后和 00 后的新生代，他们成长在物质非常充裕的年代，不太会为物质生活犯愁，所以在公司中，他们往往追求价值理念的一致性，更追求在享受工作的同时享受生活。所以，再用传统模式去管理新生代，一定会遇到非常多的管理困境。

那么，面对这种情况，我们应该怎么做呢？

用善意激发员工自驱力

有人做过一项研究，在按时计酬方式下工作的员工，一般只要发挥 20%~30% 的能力就可保住饭碗，但如果给予充分的激励，他们的能力可以发挥 80%~90%[1]。

充分的激励，能够让员工的士气得到鼓舞，凝聚力增强。而且，现在员工的主观意识越来越强，如果还用以往的管理和被管理、监督和被监督的管理理念去处理和员工的关系，一定会碰一鼻子灰；反过来，如果能充分挖掘员工对一件事情的热情、对这个事情的憧憬，或者这个事情与他个人理想相结合的部分，这个人就会爆发巨大的能量和热情。

我第一次创业的时候，经营有机农产品的连锁店。为了让员工能够全身心地投入，大家日常的生活吃住，我都帮他们解决。每个月15号发工资，我还会把我们企业冷链的食品、牛肉、猪肉等拿出来送给员工，和员工一起团建，几乎解决了员工所有的后顾之忧。曾经我以为大家会死心塌地地跟着我们干，但没想到员工流动性还是非常大，而且员工意见还很多。

反思之后我发现，企业能不能留住真正优秀的员工，关键在于员工有没有在企业发展的过程中获得足够的成就感和足够的职业发展的可能性；同时，还有他有没有感受到企业和上级对他有足够的尊重和信任。只有在这些需求得到满足的基础上，员工才能够放开手脚去推进业务，探索更多的可能性，为企业创造价值。

---

[1] 王凤彬，李东，李彬.管理学（第五版）[M].北京：中国人民大学出版社，2018.

后来，樊登读书创业开始的时候，每位新同事在公司成长的过程中，我都会花更多时间寻找在公司成长的同时能帮助他个人更好地成长的方法，一定要让他个人的职业自信和职业成就感得到提高，而不是仅花时间关注他们生活中的难题（虽然也很重要）。你要知道，如果一位伙伴在工作中能有机会成就自己，那么他就会有充足的自驱力，这无疑是组织最大的幸运。

适度减少干涉，增强员工自主性

管理者少干涉一些，多给员工一些生存空间和发挥空间，才能让他们承担起更多责任，这一点对整个组织的成长都有很大的帮助，但对于很多领导者来说是一种挑战。在传统的观念下，大家普遍认为领导者应该是勤奋努力的人，什么时候都要冲在最前面，但我要纠正这个理念。因为领导者冲得太靠前、对很多事情参与过多，或者太过优秀，一人顶十人，会让真正执行业务的团队成员丧失成就感，某种意义上对整个组织而言是 种伤害。

企业需要的是一个能够创造业绩和承担风险的组织，而不是一枝独秀的个体。我一直认为，如果领导者总是质疑员工的能力或者通过严苛的手段控制员工，久而久之员工的内心不只是会丧失能动性，还可能会滋生恶意。我们一定要给员工充分的空间、信任和支持，员工才能更好地发挥出自己全部的才能。有一句话我觉得非常好：真真诚才能真自信，真自信才能真真诚。你有没有发自内心的真诚，有没有打从心底的自信，员工其实看得很清楚。

2015 年的某一天，公司新来的 HR 跟我反映，很多人上班都在看手机，不好好工作，问我应不应该惩罚大家。我当时就意识到两个问题：

第一，HR 在以一种比较传统的方式对待员工，他认为员工是被监管、考核的对象。

第二，如果员工上班时间摸鱼，可能是对待工作的态度出了问题。

大多数互联网公司的工作，其实都是脑力劳动。大家是在自觉努力地把事情做好，还是看起来很勤奋但事实上并不尽心尽力，光靠监管是很难看出来的。我觉得最好的办法就是，发自内心地尊重和相信员工，不断地激发员工的自觉性和能动性，而且要适当地减少干涉。走心的努力和伪装的投入，完全不是凭一眼就能准确判断出来的，常常需要很长的试错过程。这就要求公司用人时精准把控，尽量一开始就选择价值观相符的员工。

我们不鼓励员工加班，如果看到员工加班时间长、次数多，我们会去找员工谈话，更希望员工能够在工作和生活中找到一个平衡点。而且，正如段永平说的："我一直认为老是强迫加班加点的部门负责人的管理水平有问题，老是强迫加班加点的公司的老板的管理水平有问题。"

在我跟 HR 反复表达了我的管理和用人理念之后，HR 也开始转变自己的认知，从内心深处认可企业的文化，不再盯着员工是否玩手机这样的表面问题，而是想方设法地激发员工的潜力，同时努力提高员工的满意度。

▍善意的方式和员工达成共识

每个组织的文化氛围和做事氛围，其实是和管理者密切相关的。很多人说，我们要以用户为中心，要去跟用户做调研，听用户的问题和答案，并且用心地研究，给出真心实意的建议。我觉得管理员工也是一样的，员工都会面临他人生的不同阶段，比如结婚生子、处理家中重要事务，需要阶段性地鼓励他，和他沟通。

2016年是公司高速发展的一年，当时有个总监要回家生小孩，我就计划着提前做一些准备，找一些员工熟悉她的工作，然后我就安排了两个人和她做工作上的交接。但是在这个过程中，我发现她特别抗拒交出自己的工作，我就和她深入地沟通了一次，发现她的心理负担特别重，担心自己生完小孩之后就没有职位了。明白了这点之后，我首先对她之前的工作成果表示了认可，然后真诚地跟她沟通未来的工作安排，打消了她的顾虑，这才完成了工作交接。在她生完孩子，回归职场之后，依然是公司的得力干将。所以，多和员工沟通，明确员工的诉求是非常重要的。当一个管理者不知道员工最在意的是什么的时候，他其实无法在对的方向上用力。

我们以前有一个技术总监，有一天他突然提出离职，当时我特别错愕，因为我们刚刚兑现了部分期权。所以，我想当然地认为，公司兑现了那么多期权，你不应该觉得公司的未来前景很好而更加努力吗？但在我和他深入沟通过后，我发现他的诉求是转换自己的技术语言，在技术上继续精进。但在当时，他是公司的技术总监，是其他技术人员学习的对象，他需要一个环境去向别人学习新的技术语言，这种诉求以我们公司当时的条件根本无法实现。这其实是典型的个人职业规划和公司发展需求上出现了分歧点，所以最后对于这个分歧，我们也达成了共识，彼此都理解对方的想法和选择。后来，他跳槽到了一个拥有几百人技术团队的大厂，很快实现了自己的技术转型，同时也担任了重要的职位。

根据我的经验，用最大的善意看待一个人，你就拥有尽可能多的善；以恶为起点，一切都是恶的。只要有善的发心，以善为基本的前提假设，那么管理者的管理行为不只有一种表现形式是善的，可能"和风细雨"与"雷霆骤雨"都是善的。而且，领导者的善意不应以获得回报为前提，不管收到什么样的反馈，好的结果或者坏的结果，都应该始终坚持以善意驱动员工。每个人都期待善意得到善意的回馈，领导者也是人，所以期待善意的回馈无可厚非。但是善意的回馈并不是必然的，很多时候回馈受到客观条件或者认知能力的约束，很难当下就开出善意的花。所以，无条件的善的发心才是真正的善，这对领导者是极大的挑战，也是一场修行。

同心者才能同行

为别人创造价值，是一件非常开心的事情。

生活中的利他，应该是发自内心地帮助别人，而不是有所图谋，比如希望对方感恩或者报答你，或者拿什么跟你做交换。利他本身是一个没有任何杂念的状态。

另外一种是企业的利他。企业对外的利他，是通过提供具有竞争力的产品和服务，创造对社会的价值，进而找到企业持久存在的意义；企业对内的利他，则涉及企业管理者怎么跟员工长期相处，如何让员工感觉到被尊重和信任，进而实现企业和员工的共同成长和共同发展的问题。在企业发展过程中，不管员工干了几年还是几十年，可能最终都会离开。这个时候，一方面企业对员工要有感激之情，感激员工对企业的付出，同时真心祝福共事了那么久的伙伴能够越来越好；另一方面，那些即将离开的员工，也应该感谢公司给了自己那么多的机会，感谢领导那么久的陪伴，感谢公司的包容，并且祝福公司越来越好。想明白这点，很多事情就会变得简单清晰。

那么，我们又是怎么践行的呢？

▋ 寻找与企业价值理念相同的员工

樊登读书的特别之处在于，不仅给员工带来一份工作，还让员工同时获得成长和收获。因为樊登读书 App 每周都有新书上线，我们会要求员工每周都听书，帮助员工拓展视野和格局，尽可能地帮助大家在职业上获得更多的可能性，打开未知世界之门。

不管是什么样的岗位，我们都无差别主张该岗位的员工要拥有和我们的企业一样的读书理念。员工和我们保持价值观一致对我们来说至关重要。

通常，我们在寻找与企业价值理念相同的员工时，比较常问的一系列问题是"平时喜欢做什么""喜欢读什么书""读书在你生活中是什么样的角色""你觉得读书给你带来哪些影响"。这类问题的回答一般很难作假，被询问者必须用细节来回应我们的问题。对于书籍方面的深度问询，很容易识别员工是真的热爱读书这个事情还是为了面试成功而杜撰说法，也是观察一个员工是否追求上进以及职业格局的重要评判维度。

▋ 寻找具有终身成长思维的员工

对一个成熟的管理者来说，跟有些求职者待在一起没多久可能就会感觉不太对，不要忽视这种"说不上来哪里不好，但感觉就是不太对"的感觉。往往事后看来，当时的感觉很可能是你的潜意识根据求职者的细微表现所做的洞察和判断，这样的直觉往往是对的。但管理者当时很容易忽略这个感觉，要么没有重视，要么通过其他表面的履历强行补偿或者掩盖了自己的直觉。其实很多时候事后回头一看，一切都有迹可循，只是没有及时止损。

有两类人，我一般不考虑录用。一类是夸夸其谈，总是强调自己的独立业务能力很高的人，不管他实际水平如何，我都坚决不录用。因为在我看来自满的员工不仅自己的未来成长空间有限，而且往往合作意识不足，会给其他员工带来"只要会动嘴，就有饭吃"的错觉。另一类是不分场合、不分主题地泼冷水和挑刺的员工，我也坚决不录用，这样的员工往往过于敏感和悲观，容易把失败的业务和失败的自我画等号，既容易得意忘形，也容易失意忘形。这类员工的抗压能力往往比较弱，很容易情绪内耗，而且可能再怎么引导也没有办法改变他们。

所以，找人的时候要分辨清楚，这个人是否拥有终身成长思维，这其中有两个核心分辨点：第一点，员工是否认为"我掌握的知识和技能不是全部"；第二点，员工是否认为"我以往掌握的知识和技能并不全对"。这两个核心分辨点透露这个员工的两个基本态度：一个是开放，另一个是谦虚。员工的开放和谦虚，是让其具有成长性的首要品质；相应地，团队开放和谦虚，意味着团队具有持续的成长性和创新力；一个公司开放和谦虚，也意味着拥有更多的机会和更大的发展空间。

不刻意根据纸面挑选员工

很多纸面上看起来很牛的人，其实压根不好用。靠履历去判断一个人是非常肤浅的。一些来自"大厂"的人，尤其是管理层，其实是"随着海平面升起来的小船"，海平面上升了，小船以为自己长大了、变高了，但离开海平面，其实他们可能什么都不是。另外一些履历很光鲜的普通员工，可能只是大厂中的"螺丝钉"。我记得我曾经面试过一个互联网大厂来的人，他应聘的是社群运营的主管岗位，但在面试过程中我发现他只能负责维持社群用户的活跃度这一个环节，前一个环节流量获取以及后一个环节流量变现以及复购策略，他统统不清楚。后来，我就决定一些岗位不再招大厂的螺丝钉型的人了。

当然在寻找员工的过程中，难免有看走眼的时刻。但不管是什么样的人，相处半个月或一个月，你一定会有些基本的判断。这时候如果觉得自己看错了人，你一定有感觉，这种感觉出现的时候，你只要及时调整，就一定能够减少损失。

对于任何创业型公司或者小公司来说，对于管理层的筛选，一定要建立在深入了解业务的基础上。小公司一般不存在纯粹的管理岗，一定是对管理者的业务能力和管理能力两手都要抓，两手都要硬的。良好的业务能力能够让管理者在找人的时候问对问题，问出能够识别对方核心能力的问题，进而识别能力强的员工；良好的管理能力能够帮助管理者培养出一支能动性很强、可以解决问题的团队。

总而言之，挑选适合公司的员工，衡量标准其实非常简单：那些认可公司价值观的人，才是可供挑选的人才。

没有人故意要把事情搞砸

谷歌曾做过一个"亚里士多德项目"，研究发现："在一个心理安全感高的团队中，团队成员会敢于在队友面前去冒险。因为他们确信，团队中没有人会因为承认错误、提出问题或提出新想法而让大家感到尴尬或受到惩罚。"[1]

这也意味着，员工感受到被信任和被尊重，会产生安全感和价值感。

对于创业公司来说，创始人个人的世界观和价值观，会直接影响公司的企业文化，并且企业文化也会直接关系到公司所吸引的员工类型。

有一次，公司买了一台新汽车，驾驶员开了不到一个星期就把车给撞了，然后他挺不好意思地把事实告诉了我。我当时第一反应是说："车撞了没关系，有车险，只要人没事就好；另外，你第一时间告诉我这个事情，证明了你对我的信任。因此，

---

① BARISO J . Google Spent Years Studying Great Teams. These 5 Qualities Contributed the Most to Its Success [EB/OL].[2022-11-03].

这是个好事情，我们彼此之间的信任是最难得的。"

这么多年，我一直坚持一个原则：当员工犯了错误时，不要第一时间去指责他，因为没有人故意要把事情搞砸。我们要对员工有足够的包容心，他们才不容易陷入情绪内耗，掉进自责和内疚的坑里，才能把更多的心思和心力投入到工作当中。而且，如果你批评了员工，他可能会对跟你沟通这件事产生畏难情绪，再出了事的时候，可能还会假装什么都没有发生，刻意隐瞒，这样会为企业埋下更大的隐患。

基于此原则，我想在团队建设方面给大家三点建议。

▍ 心态的准备：希望身边的人成为主角

公司的价值观往往不是靠制度实现的，也不是靠贴在墙上的口号实现的，而是靠一些细节的贯彻和落实。比如，在各种管理会上，我们就让所有懂业务的伙伴都大胆地展示自己的想法，为业务做贡献。

比如业务会，不管是讨论设计、选题，还是项目执行，我们都鼓励员工贡献自己的想法，在这个过程中不评判、不否定、不比较，不断激发员工叠加好点子。管理者要按捺住自己展示自己创意的冲动，不要认为只有自己的点子才是最好的，不要认为只有自己可以做决策。这样员工才能在组织中成长，实现自己的价值。

而且，这个观念真的在公司中落实到了方方面面。比如，我们之前有一个员工怀孕了，就有同事建议，公司准备一些准妈妈福利，每个月给准妈妈买一些牛奶或者别的营养品，以示公司的人文关怀。后来这个政策真的推行起来了，员工的感受就很好。大家不会觉得这个事情和他们自身没有关系，这意味着他们有极大的主人翁精神，把建设公司当作自己的事情，努力让公司变成一个更好的主体。我觉得员工的这种精神特别好，这样的企业氛围能够让企业有更好的发展。

▌ 业务洞察力的准备：判断业务主张的好坏

除了具有把员工推到舞台中央的动机，管理者还需要去识别一些很棒的点子，让大家充分集思广益的同时，尽可能把握对业务的方向，做好关键决策。

如果公司有个重要的业务建议是某个基层员工提出来的，然后我们所有伙伴都认为这个主意很棒，并最终把这个建议落地了，那这个员工收获的成就感和被认可感，会是他职业生涯中浓墨重彩的一笔。当然，如何识别和判断这是不是一个好主意，其实需要大家都有做一线业务的经验和感悟，要培养能对业务好坏做判断的洞察力。

▌ 领导力的准备：激励他人在黑暗中看到光明

管理者的一个核心能力，就是理性的乐观。管理者需要在好的事情发生的时候看到坏的部分，防微杜渐；在坏的事情发生的时候看到好的部分，寻找士气的支点。因为哪怕是一个非常不起眼的策划提案，其中的某个小的闪光点，经过大家的努力补充，都可能变成一个特别棒的营销方案，进而被落地执行，最后取得一个好结果。

这一过程背后要以管理者的业务能力和管理能力作为支撑，管理者要对业务足够了解，对它足够有感觉，能够识别出这个业务现阶段和下个阶段可能的发展趋势，对目标有坚定的执着，才能找到并抓住那个看起来不起眼的闪光点。同时，管理者还需要有带领团队为实现目标而共同奋斗的能力，"星星之火，可以燎原"的前提，是有人可以和你并肩作战，然后一起把不可能做成可能。

有一位前员工曾经问我为什么从来不去评判和苛责员工。我的理解是，成长是每个人自己的事情，像成年人一样思考和决策，需要建立在个人意愿的基础上，他得自愿地接受，自愿地改变，自愿地更加努力。像史蒂芬·柯维说的："不要总去盯着员工身上不足的地方去要求他，你没有这样的义务。"领导者可以创造一个很好的氛围，提供很好的机会，但是是否抓得住，关键还在于员工自己。

当然，如果一个员工现在处于比较迷茫的职场阶段，自己没有改变的意识，你再多的引导和循循善诱，可能对他帮助都不是特别大。每个人的人生都要由自己经历和感悟，如果一个人的人生阅历也是比较苍白或者说简单的时候，同时期的职场状态也是相对不成熟的。

我的第一份工作，是在广东做电子工程师。当时做了大概半年，天天想辞职。有两个原因：第一，我觉得我不擅长做技术类工作；第二，我想在技术岗之外再寻突破，但是发现每次都突破不了。于是我就开始思考离职这个事情，这个过程中其实经历了蛮长时间的纠结，不断地做心理斗争。最后我决定辞职，是因为内心的声音告诉我：我能够为自己的人生承担起责任，所以我可以接受自己所做的任何决定。想清楚了这点，我就毅然决然地辞职了。

消除组织中的"消音机制"

问题永远存在。管理者的职责是创造价值，但创造价值是靠不断解决重要的问题实现的。前面虽然有些关于团队管理的论述，但我们依然会碰到一些管理方面具体的难题。接下来我把一些具有共性的具体问题分享给大家。

如何处理老员工和新员工的关系

每个老员工都曾经是新员工，我们的主张只有一条：好的员工是培养起来的，而不是招聘来的。

如果你招新员工进来，不是为了替换掉老的团队，而只是想要在原来团队的基础上做一些新的调整和补充，那么我建议你不要着急，试着慢慢引导新伙伴加入现在的组织。引入新员工的速度越慢，新老团队的融合越好；速度越快，新老团队的融合越容易出问题。一个企业之所以是当下的状态，是因为它有自己的基因和企业文化，新人未必能够迅速理解和接纳。很多互联网企业融资之后就想要快速上马项目，因此会疯狂引入人才，往往造成新老员工之间产生冲突，老的根基受到了冲击，新的气象还没有起来，最后得不偿失。因此，如果不是业务发展遭遇极端状况，比如政策出现巨大变化，市场环境出现极端情况等，不要过快引入新员工。

如何面对"外来的和尚好念经"的情况

很多人认为新员工履历漂亮，又能带来新的业务理念，所以他们应该更"贵"，但是我不这么认为，我觉得员工薪酬最终还是要依据合理的市场行情的。

在这方面，我们还真的吃过一些亏。有一段时间，公司一些岗位上的老员工相比同级别的新员工在待遇方面是有些吃亏的。当时招新员工的时候，看到新员工履历漂亮、经验十足，就感觉他们好像能够给公司的业务推进带来立竿见影的效果。但后来发现并不是这样的，真正的业务推进很多时候依然靠老员工完成，很多新员工反而因为做不出业绩迅速地离开了公司。

和老员工相处就有点像家庭相处，时间久了，你会对家人的优点视而不见，把他们所有的好都当作理所当然，并且放大他们身上的一些小毛病。比如，你的女儿在外人看来聪明伶俐、活泼可爱，但在你看来，她就是调皮捣蛋，而且总给你添麻烦。

这其实就是一种"边际递减效应"：我们投入的要素连续等量地增加，达到一定产值之后，所提供的产品的增量就会下降，即可变要素的边际产量会递减。这就解释了为什么我们和员工相处得越久，反而越不知不觉地忽视他们的优点。所以，这也会造成我们给同等级的新员工更高的工资，却忽视老员工对公司做的贡献。

有一句话说，如果新员工不是十倍好于老员工，就不要替换掉老员工。管理者需要考虑到，新人的光环效应总会褪去，如果在光环失效的情况下，新老员工谁对公司更有价值？

警惕组织里的消音机制

一个组织中处于弱势的一方不能在一个安全的环境中表达重要信息，因为所有人都知道，如果冒犯强势者或者挑起冲突会有非常严重的后果。可是由于业务需要，他还必须表达一些非说不可的信息，于是他就采取用厚厚的糖衣包裹信息的方式，可能就是希望信息被强势者自然地忽略。这种状态，被称为"组织里的一种自然消音机制"。

有四种需要管理者关注和警惕的员工状态。当这四种状态中的任何一种出现的时候，都意味着组织中存在消音机制，业务信息和管理信息已经不能够很好地上通下达了。

　　第一种叫作怨恨不满，这种情况比较好的一点是，员工会一吐为快，表达他的不满并期待得到改善。第二种叫作人事流动，也就是员工不再试图改变自己来适应环境，也不再试图改变当下的环境来适应自己，而是直接走人，重新到市场上寻找合适的机会。第三种叫作无动于衷，这种情况下，员工可能迫于各种客观压力，内心依然是愤恨不满的，只是表面上看起来若无其事。但是从根本上来说，他已经失去了激情和动力，所以他会选择无动于衷。第四种叫作驯服和顺从，这种情况下，员工开始接受和适应新的组织文化，开始部分迎合并且不再期待一吐为快，只是不得已而表示认同，工作的执行力和效果都会有很大的问题。

　　中国人常讲"吾日三省吾身"和引入负熵，这些措施都在做一件事情：消除我们的消音机制。对于组织来说，就是要时刻营造真诚、坦率的交流氛围，抑制组织僵化和衰老的趋势。这需要的是理解和包容，更需要一个 CEO 对组织文化的长期打磨与坚守。

那些只有 CEO 在思考的事情

CEO 最重要的职责是什么？是带领团队持续地创造价值。也就是说，这是 CEO 工作的所有导向，高管则是求解相应职能板块的问题。大部分的高管考虑问题的出发点跟 CEO 是不一样的，前者是求解确定性问题，后者是摸索开放式的问题。高管倾向于从已知问题出发，找到一个或者几个可能的解决方法；CEO 要在未知中找出真问题，进而寻求解决真问题的方法。

还有一个很核心的不同，就是 CEO 在做事情和做决策的时候不怕得罪人，因此 CEO 的思考逻辑始终围绕着业务本身展开；而高管在做事情的时候，可能会更多地考虑得罪谁，得罪到什么程度，得罪他有没有必要等。

如果要找合伙人或者核心高管，不仅要关注对方的能力是否匹配公司相应职能板块的需求，还要确保双方对接下来的业务设想基本达成一致。有的人可能为了获得工作机会，说一些不符合他内心想法的观念，这就需要明察秋毫了。

所以，我觉得要想找到合适的合伙人或者核心高管需要关注以下两个关键点。

▎ 自信、坦诚和开放的心态

对于其他管理者来说，及时纠正自己犯下的错误，需要极大的勇气和自信。没有这样的勇气和自信，管理者很容易沿着一条错误的道走到黑，并且会不断地企图用一些观点或数据来证明自己是没错的，即使事实摆在面前，也依然视而不见。因为很多管理者通常是靠着优秀和正确一路走到管理岗的，承认自己是错的仿佛就是承认自己是失败的，是对过去的抹杀，也容易让管理者产生自我怀疑。

此外，当企业的组织文化不允许犯错，或者犯错就意味着严厉的惩罚或损失时，管理者会更加倾向于掩盖事实，直至事实无法被掩盖的那一天。这时候往往已经给企业带来了相对巨大的损失了。

所以，管理者需要具备自信和坦诚的重要品格，并且能够营造出开放、真诚的企业氛围。我曾经见过一些没有什么人格张力的职业经理人，他们共通的特点是拘谨不自信，客气有余而坦诚不足。这些职业经理人很可能在没有开口的时候，就已经丧失机会了。

▎ "初心"的显性指标和隐性指标

关于"初心"，公司有显性指标和隐形指标。隐性指标不容易测度，有些甚至是难以形容的，但往往是正确的，比如员工对公司企业文化的认可度、代理商和公司总部关系的友好密切程度等；而显性指标往往容易测度且可以形成攀比，但往往是不正确或者无关紧要的。这种攀比很容易使企业在不知不觉之中迷失方向。显性指标也给造假提供了明确的标的，成为管理上的难处。

在 2019 年的夏天，无数 K12 机构争相做广告投放。我曾经听一位做 K12 的创始人讲述，他们是如何在一个暑假烧掉 5 亿元成本来获客的。最终的结果是模型无比精准，但效果极其惨烈。在我看来，这就是虚假的显性指标导致企业迷失了方向。

刻板的 KPI 实现和最初的设想往往差得比较远，用了一些不好的方法实现 KPI，对组织造成的伤害可能比收益更大，而且伤害也不可逆。

创始 CEO vs 职业经理人 CEO

创始 CEO，往往是将企业从 0 到 1 创造出来的人。对于创始 CEO 来说，运气是重要的，但是更多情况下，创始 CEO 在抓住了企业得以生存的核心基因的同时，也抓住了机会。创始 CEO 身上的企业家精神比如锐意进取、艰苦奋斗、敢想敢干等，通常都比较明显，否则很难实现零的突破。创始 CEO 往往还需要具备领袖气质，能够带领一个"野路子"团队打下"江山"，因此初创公司的员工和团队的气质，往往和创始 CEO 的气质很像。我曾经见过的创始 CEO，包括我自己，都有一个共同的特点，就是乐观和热情。

而对于职业经理人 CEO 而言，他们受到的约束相对比较多，虽然也会有意识地突破和进取，但是在关键决策方面，职业经理人 CEO 基于短期目标和对自身利益的追求，往往会做出和创始 CEO 不同的，甚至相反的选择。被动性和保守性是职业经理人的通病，不以职业经理人的个人意志为转移。同一件事情放在创始 CEO 和职业经理人 CEO 面前，往往前者会更关注机会，后者会更关注风险。

许多案例显示，创业公司发展到一定阶段，尤其是快速壮大到一定阶段时，董事会往往会做出更换创始 CEO 为职业经理人 CEO 的决定，原因是董事会开始倾向于更能关注和把控风险的领导者。

但职业经理人 CEO 的选择是一把双刃剑。职业经理人 CEO 往往会带来一些新的思路和打法，有可能带领企业更上一层楼；但 CEO 的更换往往也意味着核心高管团队的更迭，意味着旧的企业文化被新的企业文化所替代，而旧的企业文化往往是"这个企业之所以是这个企业"的奠基"土壤"。除非土壤已经坏到不可救药，否则贸然更换土壤有可能造成企业"水土不服"，根本地基被动摇，所谓"更上一层楼"也就更加不可能了。也有许多案例显示，企业在进入低谷而需要破釜沉舟，做出重要决策的时候，往往会请创始 CEO 回来力挽狂澜，比如苹果和星巴克。

05

简单思维下发现工作新机会

重新定义工作

就精神层面的要求而言，工作一定要具备利他和利己两方面的属性。

如今这个时代，越来越多的人开始为精神消费买单，很多新型工作机会也应运而生。人们的需求层次也从马斯洛最底层的生存和安全需求，慢慢提升到社交需求，开始更多地追求价值感和意义感。

比如我的一个老乡——北辰青年创始人宋超，就发起了一个 YESGO 行动。他邀请了 100 个人，3 个月走出舒适区。活动内容就是这 100 个人利用 3 个月内 5 次周末的时间，每次两天一夜同吃同处，通过创意市集、城市探索、艺术表达、公共演讲、模拟游戏等活动，一群人一起跳出舒适圈，去经历那些充满未知和惊喜的体验。在这个过程中，会不断筛选出一系列在某些方面有共性或相似追求的人。这是一种全新的体验式社交模式。

北辰青年最开始并没有商业化的打算，团队是在摸索产品的过程中，发现其潜在的巨大商业价值。以前这种需求可能并没有那么大的市场。很多人就算想尝试，也未必会把它当作一个商品。但是随着大家认知的改变，这种新的社交体验已经完全可以商品化了。

现在比较火的露营，其实也是一种精神需求的具象化。这种需求一定不是一开始就出现的，是人们在物质需求得到满足之后，才开始追求的更高维度的精神产品。

再比如，一条上艺术品的销售量，相比过去有爆炸式的增长。入门级艺术品的竞价拍卖也屡创佳绩，我认为这背后体现的是精神需求的满足。

现在的所谓"颜值经济"，讲的就是用户更追求产品在实用性之外的美好的部分，即原来不实用的部分，也意味着用户在追求精神体验当中的意义感。原来我们买东西，买的是实用的价值，但是现在买东西都会在实用价值的基础上，去追求精神价值的部分。

那么在精神需求急速增长的当下，我们的工作又有什么不一样呢？

个体崛起，个人 IP 与流量的机会

在精神需求的满足方面，一般会有个从标准化到小众化再到极致个性化的发展趋势。也就是说，人们对精神需求的要求越高，对相应产品的个性化程度的要求也越高。在移动互联网的大时代背景下，网民几乎都会使用短视频和直播工具，几乎

每个人都可以成为内容输出者，所以个体崛起是必然趋势，个体崛起也意味着更多的机会。

第一，个体崛起意味着新的个体型产品的崛起。从产品角度而言，任何一个产品都追求差异化，它是每个产品的核心卖点。而就个体而言，个体天生具有差异性，这种差异往往是多重因素长期塑造的结果，不需要投入成本创造，因此个体差异化具有天然的便捷性，进入门槛很低。差异化特别大的人，比较容易吸引到自己的受众。

第二，每个人在和他人互动的过程中，其实都在打造自己的个人品牌，只不过互联网的网络属性以及工具属性，能够极致地放大个人的品牌效应。有魅力的个体容易拥有与更多潜在用户和粉丝交流、互动和共同成长的机会，能吸引更多的流量，甚至有打造商业空间的可能。

第三，从企业端来看，打造个人 IP 能够把企业的品牌营销成本降下来，因为真正的流量不在平台里，而是在个人那里；个人 IP 就是广告，也是超级大卖点，个人创造的内容即流量，流量即意味着各种商业变现的可能。

第四，个体差异化的迭代是可以持续的。对于某个单独的 IP 来说，可能他火了一阵之后就不火了，但是会出来另外一些比他更加出挑或者差异化更大的人。所以，尽管不能保证每个 IP 都可以一直火下去，但是孵化个人 IP 却是可持续的过程。

第五，从市场的角度而言，中国有十四亿人口，拥有足够大的市场空间。短视频和直播的普及让人们对个人IP产品的需求也变得旺盛。市场足够大，个体崛起投入成本很低，试错风险低（几乎没什么风险，顶多不火），机会成本低；而一旦成功，获得的网络效益又特别大。所以，这些有利的条件也势必引发个体崛起的激烈竞争。

当然，个人IP的孵化和运作虽然是一个进入门槛很低的、好的创业机会，但其中可能碰到的问题也不少。

第一，从IP孵化的角度来说，很难孵化或创造一个个人IP出来，而是要发掘、辨别、筛选一些人出来。个人IP是个综合性产品，不能在短期之内改变它的基础出厂设置。所以，孵化个人IP作为一门生意，考验的是寻找和鉴别个体价值的能力，其基础逻辑和选秀是相似的。

第二，如果把个人IP的打造当作一门生意，必然会制造出IP集群，也会生成一些规则、方法论、套路。IP集群的悖论就在于，IP以个性化为根本卖点，而套路会让个性同质化。同质化所引发的问题。可能是对IP生意最大的挑战。

第三，从IP竞争的角度来说，当个人IP竞争不怎么激烈的时候，个体可以通过长时间输出的方式，比如长时间直播来占有更多流量的权重，汇集粉丝；但是当个人IP竞争很激烈的时候，长时间逻辑就会失效，因为总是有这么多人在直播。那么，流量逻辑就再次成为资源分配的逻辑，也就是基于魅力人格体的逻辑。因此，个人 IP 的机会将来还是专业选手和团队的机会。

第四，如果个人 IP 的能力过于强大，企业对于 IP 的依赖性过高，也会影响到 IP 和企业本身的合作。如果不处理好 IP 价值与企业价值的统一性问题，企业内部很容易发生矛盾甚至分裂。这部分内容在趋势篇会讲到，在此不赘述。

▌ 精神产品让每个身处其中的从业者得到更多的滋养

精神产品成为大多数人的需求，不只意味着人们对生活中的精神性需求提高了，也意味着很多人对工作当中的精神性满足的要求提高了，越来越多的人不会单纯为了工作而工作。

工作本身不只是创造和输出价值。一方面，很多人会更加在意工作本身的愉悦度。另一方面，工作的参与者可以从中获得成长性的提升，让自己更长久地从事这份职业。比如意公子，一方面她在给大众做艺术主题的科普；另一方面她自己通过短视频的高频输出也有不断的成长和收获。再比如，就樊登老师个人而言，他在更早的时期就意识到，真正通过樊登读书得到最大限度提升的人一定是他自己。其他受樊登老师启发做内容生产和输出的人，也不同程度地从书籍中得到了滋养。

▌ 科技的发展，带来更多沉浸式体验

元宇宙的发展，会创造一波新的商业机会和就业机会，对

生活的方方面面产生影响。打个比方，你买了一件衣服，衣服的中间就是芯片或者显示屏；那就算你只有这一件衣服，每天也能穿着不同式样的衣服出门，因为衣服是靠芯片来控制的，图案和颜色都可以变化。如果科技再发达一点，衣服还可以变柔软、不怕水等，只要买一件衣服就可以应付各个场景，买衣服的总成本也会降低。

我朋友说，这个可能性说不定很快就要实现了，是一个非常好的创新方向。因此，随着科技趋势的变化，也会衍生出一批新的、充满想象力的工作机会。

工作思维决定工作成绩

"敢想敢干，有话直说"是职场人一辈子的修行。

这个世界从不缺勤奋的人，缺的是勤奋且爱思考的人。我一直坚信，一个人在职场中取得的成就，和他的世界观以及对自己职业生涯的定位有很大的关系。

那么，具体有一些什么样的影响呢？我在这里简单探讨一下。

怎么看待"敢想敢干，有话直说"是职场人一辈子的修行

敢想敢干是创业者必备的素质，但是随着公司业务的发展、公司规模和业绩的一步步提升，往往会出现一种现象，叫"消音机制"。这个机制之前提到过，它的出现意味着很多时候企业危机预警的信号发不出来，这种情况尤其容易出现在比较严格的、权威的管理体制中。

美国著名安全工程师海因里希曾提出过一条关于生产安全

的"海因里希法则"：在一起重大伤亡事故出现之前，会出现29次轻微事故，而在这29次轻微事故的背后是300个隐患。

当一个灾难出现的时候，管理者往往会觉得很突然，原因是管理者自动忽略了此前有人透露的种种信息，导致关键决策者没有听到这些信息。而他之所以没有听到这些信息，是因为整个组织里已经出现非常严密的消音机制了。

有些公司可能刚成立的时候，信息传递机制不是这样的。在创业初期，信息传递机制非常健康，是多信道、双向传递的，速度还非常快。但随着组织的逐渐成长，这个传递机制就会逐渐朝速度缓慢、单向、自上而下的方向发展，甚至会演变成严重的消音机制，使得关键信息对于关键决策人而言是不存在的。所以，比尔·盖茨对CEO有一个定义——所谓CEO，就是公司里最后知道公司要破产的那个人。

当然这种状态在创业阶段比较少，大多出现在团队规模扩张的阶段。因为普通人在工作中，往往有话不敢说，也不敢尝试。虽然老板真的很想听到反馈，但是员工更担心的是，所谓的"鼓励员工知无不言言而不尽"，会不会只是礼貌性地那么一说。因为不确定，所以员工会有所保留，这个时候就需要双方建立共事的默契。这需要时间，不是简单地沟通几次就能解决的，因为员工内心的安全感没有建立起来，自然不会有话直说。

喜欢和擅长，哪个更重要

不止一个取得成就的人说：你要喜欢你做的事，并且你在做的至少是你能做的事，之后你可以再精进，再进步。因为你能做的事至少有机会培养成你喜欢的事，随着你不断地积累这方面的知识和技能，你也变得得心应手。

从另一个视角来看，有些你特别喜欢做的事，不是你正在做的事。有些你特别想追求的事，实际上不一定是适合你做的事。它可能就是你内心的一个梦，但确实不是你擅长的事。所以，大部分人最终可以去追求一个状态，就是喜欢上你正在做的事，并且让它成为你比较擅长的，能给你带来心理愉悦感的事。

未来很多职业的特点，就是创造精神价值的满足，因为创业的产品本身就是用来实现大家的某种精神想象。

拿我自己举个例子。我是一个理科生，学的是光纤通信。毕业后，我做了一段时间的电子工程师，整天跟面包机之类的电器打交道。做了一年，我实在不喜欢，而且它也不是我擅长的事，感觉自己好像也没什么进步，所以选择了离职。后来去创业做了樊登读书，是因为我觉得做这件事至少是有一定社会价值的，能够帮助更多人。我在做樊登读书的时候，能够感受到它带给我源源不断的正反馈。帮助别人每年多读几本书，带给别人精神满足的感觉非常好。这次创业，一开始不是我擅长的，也不是我最喜欢的，但它是很有意义和价值的事。

有意义也不意味着你喜欢，有可能你是凭借着意义感和价值感驱动自己做这个事。反过来说，要想做一件事，把它做成一个商业化的产品或者一个公司，就不能跟喜欢太沾边，也不能跟擅长太绑定。因为我们对喜不喜欢的判断可能都是基于当时比较局限的认知而得出的结论。所以，所有年轻人都不要轻易地给自己下各种各样标签性的结论，说这个我就是不喜欢，那个一定不怎么样。不经过较长时间的实践，年轻人很难得出更接近真实的自己的结论。所以要少一些主观的、局限性的、绝对的判断，在做任何尝试的时候，多坚持一下也许就能迎来转机。

如何看待"我不是不想工作，我只不过是不想上班"

一种可能的情况是，很多年轻人不喜欢传统意义上的"朝九晚五"的固定工作，喜欢追求更有创造性、更有意义、更灵活的工作。很多年轻人说这句话时可能是有潜台词的：我是喜欢工作的，但是我不喜欢附加复杂的人际关系和不必要的规矩约束的工作，后者被称为上班。其实让年轻人感到难受的是内卷的氛围，而不是工作本身。

另一种可能的情况是，说这句话的年轻人不知道自己到底喜欢什么工作，不喜欢把工作只当成一个养家糊口的工具，而他又不得不通过工作来养家糊口，同时他也在工作中找不到其他意义。他不喜欢的是任何一个即将开展的工作，这本质上是意义感的缺失，和做什么工作关系不大。

受疫情的影响，居家办公变成了新的工作状态。大部分人都不得不调整自己工作的方法、工作的场景。甚至未来，随着AR、VR的发展，我们不需见面也完全有可能在网络世界实现工作推进。所以，年轻人要学会在实践中分清楚你是不喜欢那样的工作状态，还是你真的不喜欢那份工作，还是你其实不喜欢任何工作。

我有一个朋友，他儿子喜欢打游戏，游戏战绩也相当不错。一般家长面对这种情况，肯定会非常生气地骂孩子。但是我这个朋友就带孩子去了国内比较好的电竞俱乐部，和他讲："你不是喜欢打游戏吗？那你体验一下职业电竞选手的生活是怎样的。"就这样让孩子一天打十几小时的游戏。连着打了几天之后，孩子发现职业电竞选手的生活太苦了，和他想象中的完全不一样，自己根本不喜欢做职业电竞选手。他原本是通过游戏获得成就感，没想到把打游戏变成职业后，那种成就感和愉悦感反而消失了。

所以，年轻人多做尝试，就可以找到自己想要的方向。

现在的年轻人无论如何奋斗都无法取得跟父辈一样的财富和成就吗

如果你有这样的困惑，其实可以看一些历史书或者纪录片，哪怕只是跨越一百年的历史，都不会那么狭隘了。一方面，在大的时代机遇下，确实有少数人首先抓住了机会，做了时代的开拓者，实现了财富的快速积累，也为社会做出了巨大的贡献；但这不代表每一个人都能抓住机会，还是有很多人当时代的跟随者。所以，对大部分人来说，不需要特别介意时代机遇这件事情，它本来就只和少数人相关。

另一方面，生产力、生产工具、生产条件等是时刻在变化的，每代人有每代人的机会。比方说，随着互联网的普及，短视频和直播行业兴起，每个人用低成本获得的创业机会比以前更多了。我们年轻人可以多去洞察，遇到一些涉及未来的职业或者创业的机会，就多摸索、多尝试。

工作是一场无限游戏

工作是一个帮助人们向外涉猎，掌握新知识的工具，价值核心在于在工作中学习。那么，关于如何在工作中学习，大家可能有很多问题，我们应该如何解决呢？

如何看待企业内部比较少的人创造了比较大的业绩

这其实是一种常态，不是今天才这样的。不只是企业，在战争年代，每个军团的战斗力也不同，也是极少的军团具有极强的战斗力，这很正常。此外，随着企业规模的扩张，每个新增人员的边际效用可能也都在降低。我们常常会发现原先 30 个人做一个营销大促项目的结果，和后来团队扩张到 100 人左右时做的结果，相差甚至都没有很大。

当然，在目前的时代环境和条件下，互联网放大了每个个体的能力，个体独立创造价值所需的成本变得更低，条件也变得更成熟。成本更低的意思是说，个人的机动性和选择性很强，他离开和加入某个组织的机会成本变得很低；此外，互联网工具的成熟化，也让个体创造价值的入门条件变得简单，或许只需一台手机即可。

另外，成本低了之后，选择的机会也因此变多。比如，离职的员工完全可以用个人创业的方式，去跟企业发生关联，把原来必须放在企业内部创造价值的链条，放到企业外部来实现价值创造，进一步帮助企业节约成本，增加灵活性。

对于普通人持续学习或者准备学习，有什么建议

樊登读书的工作比较讨巧，本身就是一个学习和进步的过程，是一个不断地掌握各种各样的新知识，增长智慧的过程。当然，并不是每份职业都有这样的机会。

詹姆斯·卡斯在《有限与无限的游戏》[1]一书的开篇就写下这段话："世上至少有两种游戏。一种可称为有限游戏，另一种称为无限游戏。有限游戏以取胜为目的，而无限游戏以延续游戏为目的。"比如，如果一个人只把工作当成谋生手段，把工作视为苦役，把升职加薪视为目的，那就是在做有限的游戏；而把工作当成重要的自我提升和自我实现的经历，那就是在做无限的游戏，这个游戏可以一直玩下去。

---

[1] 卡斯 . 有限与无限的游戏：一个哲学家眼中的竞技世界 [M]. 马小悟，余倩，译 . 北京：电子工业出版社，2019.

我们工作几十年，可能会有很多段创业或者工作经历。即使每一段经历你最开始都认为是能为之奋斗一辈子的事，最终也可能只是你人生的一个个片段而已。人一生会做很多事情，如果不靠学习、不靠不断地探索新东西、不靠不断地开拓视野，那人生就只是机械性地重复而已。

以前的职业，可能只能实现工作本身的价值，工作做好了只能提升与工作相关的技能，同时获得生存所需的物质满足。但现在有一些行业，可能也和樊登读书比较类似，带来的副产品是可以帮助员工终身成长的。

那么，想要高效地学习，我们应该做些什么呢？

▌ 心态准备：重视学习这件事

首先，要重视学习这件事情。在工作之外，一定要有意识地培养学习习惯。你得意识到人这辈子一定会有很多段不一样的人生经历。勇于去探索和接触不同的知识，这个过程会变得越来越有趣。

学习一般来自兴趣和好奇心的引导，不是说要求自己一年读 100 本书，越多越好。更多时候，我们还是要回到出发点，思考我要高效地学习和探索什么，为什么我要学习这些知识。

另外，要有一个平和的心态。坚持学习并不意味着人生时时刻刻都要苦修，不要一段时间没学习就很懊悔、很颓废，人生总有这种时刻。我们要接受自己平庸、颓废、丧气的一面，就像我们接受自己优秀、积极、乐观的一面一样。这些都是自己的一部分，接纳了自己，才能够更加从容地看待世界。苏东坡的《水调歌头》中写："人有悲欢离合，月有阴晴圆缺，此事古难全。"我觉得这句话几乎说出了人间真理。乐观与悲观，阴与晴，都经历的人生才是完整的人生。

▌ 以已知反推未知

我的好奇心非常强，一本书还没有看完，就已经在书中找到下一本甚至下两本要看的书了。而且，我看书基本上不追求逐字逐句读，一些我特别不感兴趣的章节，就直接跳过，等到以后突然因为某些事情对那些章节感兴趣了，再回过头来看。

《论语》学而篇开篇就说："学而时习之，不亦说乎？有朋自远方来，不亦乐乎？"为什么把"有朋自远方来"放在学而篇呢，因为向他人学习也是非常重要的学习途径。我很喜欢和朋友聊天、讨论或者聚会，别人提到的一些新事物我如果很感兴趣，就会找他要学习资料。我有个朋友，之前在游戏公司做游戏项目，他们内部孵化出一些新的互联网创业项目，我对此很感兴趣，但我又是个外行人，虽然他将产品形态、业务逻辑讲给我听，但是隔行如隔山，我还是不太懂。受好奇心的驱使，我后来又找他要了很多资料，学习完之后对这个行业也算是有了初步的了解。

知识付费对学习有什么帮助

知识付费行业的出现，是顺应时代需求的。随着生活和工作的节奏加快，人们势必会想要提高获取信息和知识的效率。相比于文字阅读，知识付费对于人的学习能力的要求降低了，同时也拓展了人们学习的场景，更好地利用了碎片化的时间。

就我个人来说，我会买书，但有的书看不进去，有的书只是觉得好玩，并没有系统地学习。买课程来学习，效率会高很多。现在的知识付费的产品，可能与纸质书籍唯一的区别就是，前者是电子出版物，后者是文字出版物。越来越多的专业讲师以及学院派老师，以音视频＋文字的方式出版自己的著作。相对于文字版的书籍，知识付费的音视频内容迭代的可操作性更高，更新和迭代的频次也很快，更适合快速更迭的知识类型。碎片化只是知识付费的展示形式，不能因此将它直接定义为假冒的或者伪劣的知识。当然，市面上"割韭菜"的知识付费的产品也挺多，需要大家仔细地鉴别。

知识付费产品也有不足。大部分知识付费产品，都是以录制好的音视频的形式展示在平台上的。一方面，它们缺乏互动性，缺乏互相讨论等深入学习的交互环节；另一方面，也缺少实战研讨等模拟演练的环节。所以，如果想要深入学习某些知识，还是需要回到体验感更深的线下场景中。

　　说到这里，我想到了我们原来做主题课，发现有些线下讲课老师很难把线下的课程韵味通过线上流程化、公式化的方式呈现；有的老师线上课很好，线下课却不如线上课，因为线上课跟线下课所需要的能力不太一样，线上讲课的时候会打乱逻辑和包装形式，能在一定程度上弥补老师讲课时表现力不足的缺陷。对我来说，如果要买课，我一定得对这个老师事先有认知，比较确信他的课能帮我在短时间内了解更多知识，或者建立起　定的认知体系。

如何应对职场焦虑

大家对职场中的很多事情会感到困惑，对于这些困惑，我有一些小小的建议。

女性如何平衡工作和家庭

从我观察到的情况来说，女性的工作能力和平衡能力都是很强的。一方面，在以智力为主要生产力的行业中，女性和男性的区别不大，甚至在文学、艺术、心理等很多领域，女性比男性更容易表现出彩，女性并不是职场的弱势群体，不是需要被照顾的对象；另一方面，我身边的女性在处理工作和家庭的关系的过程中，大多数都没有遇到极大的冲突、矛盾，或者不合适的地方，她们的另一半也都有挺强的家庭责任感和家庭参与度。作为男士，我对男性反而有几个小小的建议。

第一，如果在工作中碰到一些特别重要的事情，导致家里的事和工作安排产生冲突，除非这件事非你不可，不然还是把家里的事排在前面。你要知道，只有在家庭中你的角色是不可或缺的。工作当中，很难说有什么事是非你不可的。

第二，从创办公司第一天开始，就要有一种准备：让团队更多地去分担你要负责的工作。我观察到现在的企业家和以前的企业家有挺多不同的地方，以前企业家做事情，可能越到后面对于权力的预期和要求越多；但是现在很多年轻人创业的出发点是希望更好地平衡生活，有更好的人生体验，而不只是追求某一方面的成功，这是一个心态上巨大的转变。

我和一个朋友曾聊到这个话题，当时他的公司成立刚满2年，在上海、广州、国外等多处有办公室，每个地方有40名左右的员工，他就已经开始做职业经理人的培养计划。比如，他培养了一个1995年生的同事接替他做国内业务的日常管理。所以，创业者真的要在工作和生活中找到一个很好的平衡点，你得以这样的心态做准备。从创办公司的第一天开始，就要思考这个事。

第三，也会有一些阶段，工作太忙顾不上家里。我在公司创办三年左右的时候遇到过类似的事情，因为公司的事特别多且复杂，就忽略了家里的事。这时候，夫妻双方需要相互理解，而且如果第一点和第二点都做到了，遇到第三点中提出的兼顾不了的情况，家人应该也能理解。

做家庭事业兼顾型，还是主妇型女性

大多数女性应该都是家庭事业兼顾型的。女性员工对家庭很有责任心、有热情，是一件好事，因为这也体现了她有很强的责任感。管理者要学会看到女性员工的优点，关心她所关心的问题，以第三方的视角和她沟通，她自己也会承担起岗位的职责。

从另一个角度而言，如果一个女性员工不想工作，但是为了家庭又不得不工作，因此不能很好地对工作投入精力，那么这位女性员工需要考虑的是工作的意义感，而不是女性身份的问题。

另外，主妇型女性也不代表没有价值。教育孩子、照顾老人、处理家庭成员的关系，都不是容易的事情，相反，对这些事情的妥善处理时时刻刻都体现着一个主妇型女性的处世哲学和人生智慧。

总之，时代变了。关于女性如何做不同类型的选择，我整体的建议是遵从自己的内心，做自己真正想做的事情。

如何应对"35 岁职场焦虑"

我觉得和行业以及岗位有关。在很多实体行业，比如餐饮业、制造业、医疗业等行业中，并没有所谓的"35 岁职场焦虑"；

而在互联网行业，如果35岁还在基础岗位做一些基础性的工作，那么职业发展瓶颈可能确实难以突破。

但是从企业招聘方的角度来看，员工年龄的增长其实会带来感受能力和对于生活的理解力的提升，这反而是一种优势。现在很多文化类产品或者其他满足精神需求的产品的研发，不单单靠智力、硬性的技术实力，很多时候靠的是感受消费者的感性需求和精神需求的能力。

所以我认为，随着这类产品需求的增加，年长一些的员工的阅历和感受力会成为职业优势。

而且，女性的这块能力比男性更突出。男性通常比较粗犷，感知比较"大条"；女性通常更细腻，能够更敏锐地感受到别人的情绪，也更愿意倾听别人的声音，更细致地打磨一个产品。

06

顺势而为成就自己

趋势造就独角兽企业

有人说，能成功的人，要么踩到了风口，要么起点特别高。洛克菲勒则认为："如果把我剥得一丝不挂，丢在沙漠中央，只要一行驼队经过——我就可以重建整个王朝。"雷军也说："赶到风口上，猪也会飞。"可见一旦踩在风口上，普通人也会拥有改变命运的机会。

那么趋势到底是什么？接下来我们从 3 个层面具体来看一下。

▎ 宏观层面

宏观趋势一般是建立在国家战略部署和时代发展需求的前提下，而国家战略和时代需求是建立在更加有前瞻性的国际前景和技术进步的预期下的。所以，一些宏观趋势的萌芽会有比较强的政策导向信号。比如，产业上的趋势有一个是新能源，我相信没有人会质疑这一点。大家都认为新能源一定是一个大的、要重点发展的、有极好前景的领域。客观上讲，普通人其实处在这类大趋势的信息下游，面对这种大趋势，不用太费劲琢磨它为什么能成为趋势。如果想尝试其中的机会，只需要开始做准备、付出努力即可。

再比如，互联网内容消费是一个千亿级的市场，虽算不上一个特别大的产业趋势，但是在目前的状态下，它的产业规模也处于快速扩张的阶段。它可以带动更多的产业发展，以内容为切口，可以推动产业链的延伸、扩展和转移。所以，做内容产品不只是为了输出内容，输出一些经验和知识，同时也通过赋予内容链接属性和创造属性，使其与不同的垂类领域做结合，进而创造新的机会。

▌ 微观层面

微观层面一般是指规律层面，它是沿着已有事物去做延展，也符合事物发展本身的趋势。

原先我们讲宏观层面和产业层面，现在我们讲的是某个行业发生了哪些变化，影响这个行业发展的关键变量可能有哪些。

我们之所以要关注微观层面的趋势，是为了通过微创新，领先同行半步。所谓"领先同行半步"，一方面是指产品创新不至于大跨步到无人区去冒险，因为无人区之所以是无人区可能是因为条件和机遇未到，也很有可能是因为无人区是死亡之海；另一方面，领先同行半步也更容易和市场及用户接轨，不至于掉入代际深沟。

这就要求我们对自己所处的行业和领域有极其深刻的洞见，又需要我们对其他领域的创新点始终保持敏感。他山之石可以攻玉，往往一个行业的难题可以借助另一个行业的经验得到解决。大多数时候的创新，不是颠覆式的代际创新，而是各类旧要素的新组合。一些新增关键要素可能推动整个行业效率的提升，进而使整个行业迅速扩张，比如二维码支付对于知识付费行业的发展产生大的影响。

▌做事层面

在具体做事的过程中，如果我们着眼于价值，有时候是可以有意无意间迎合趋势甚至创造趋势的。因为价值本身是可以穿越周期的，比如人们对消费品"多、快、好、省"的追求，比如人们对身体健康和精神富足的追求，等等。但现实中常见的情况是，有些人不事先对趋势进行判断，也不判断这个趋势自己是否能够把握，自己能不能提供有价值的产品或服务，而只想着追随风口飞上天；哪怕侥幸进入了一个有未来、充满巨大可能性的产业，贸然去做也很有可能遭遇挫折。因为当真正遇到难题的时候，这些人的选择很可能要不就是立刻退缩，要不就是马上转行。

在 2013 年我们刚创立樊登读书的时候，市场上很少有所谓的"知识付费"，互联网内容消费市场崛起的苗头也不明显。我们做樊登读书的初衷很简单，一方面是基于自身的能力做产品，另一方面是确认这件事情是有意义并且能创造价值的，然后就义无反顾地去做了。如果当时我们只想着要追风口随大流，跟着所谓的"趋势"去做事，就不会有今天的樊登读书，整个创业过程中的价值追求以及做这件事情收获的意义感，也会相应地少很多。

以上，是基于宏观、微观还有做事的层面的我对趋势的理解。还要再次提醒大家的是，不要盲目去追风口，要了解自己的个人价值和选择，知道自己在这种趋势下到底能做什么、应该做什么，才是最重要的。

最近很多朋友都在聊什么是新的产业、新的创业机会，但是如果不能很好地评估自己，就算开始了也很容易半途而废。只有当你真的知道自己能给目标用户提供什么价值，并且在此基础上提升价值并坚持下去，才是真正的顺势而为。

基于这些客观条件，我们再谈一谈，怎么判断这个趋势我们要不要去把握？

▍ 热情度的判断

做事情总得有个初心，愿意投入多大和多久的热情，往往跟初心相关。比如樊登读书创立初期，一年多的时间里公司几乎是没有收入的，但我们依然会因为意义感的推动而坚持下去。因为我们创办樊登读书并非只为了商业价值，更大的发心是想让我们的产品帮助更多人有多读书的机会。有些关键的人生节点的选择，需要靠自我衡量和价值观做判断。因为这种内心的感受和对生命意义的探寻，没有人比你自己更清楚。如果完成了对内的自我拷问和深思熟虑过对外的环境条件，坚信自己遇到困难都能坚持下去，那是会有很大的机会成功的。

▎ 能力上的判断

如果你观察到趋势的出现，如何判断这个趋势所在的行业跟自己有没有关系？需要思考三个方面：一是内心深处你想不想做；二是能力上你能不能做；三是不能做的部分，有没有和它匹配的资源可以通过设计形成与行业的紧密关系。以打造个人 IP 为例，在整个个人 IP 的打造链条中，有什么潜在的核心 IP 值得打造、需要什么样的团队结构、组建什么能力水平的初始团队开始创业，这些都要由自己做判断。

面对一个新行业，怎么做自我能力判断？可以看一些入门书。读 10 本左右的入门书，你大概就知道，你有没有足够的能力去匹配这个行业。还可以找这个行业内的资深人士来聊，了解行业所需的人才类型和核心素养。或者你想清楚自己擅长的职能是什么，可以以何种角色和别人合作。

如果很看好一个行业，但是个人目前的专业能力不达标，是不是就没办法了呢？未必。因为未来的很多工作可能都是你没做过的。以我个人的经验为例，我曾经做了一段时间的电子工程师，也做过生鲜行业和户外拓展等尝试，行业跨度都挺大。

所以，跟别人合作，需要搞清楚的不仅是他学的专业知识所代表的能力，更多时候是更加底层的、能够长期依赖的核心能力。各个团队成员的能力一定要组合成一个整体的团队能力，这样才能保证事情更好地完成。

▌ 抓住微小质变

前面聊到的微观层面的改变，其实就是一种细微的变化，关键的细微变化往往扮演着蝴蝶效应中扇动翅膀的蝴蝶的角色。比如，追溯推广书籍方式的变化历程，会发现过去推广一本书需要通过传统媒体，即电视、报纸、杂志等做宣传；互联网时代来临后，推广一本书需要通过微博、公众号、电商平台等做宣传；短视频和直播崛起之后，推广一本书是通过自媒体进行的，比如樊登、董宇辉以及其他无数知识博主和 KOL。这个宣传媒体迭代的过程不是一蹴而就的，而是以慢慢过渡的方式让边缘媒体逐渐成为主流媒体的。

应该重视的是那些当时看起来很小但有效的变化。当你拥有识别微小关键变化的能力的时候，试着将这些变化的逻辑和出现条件梳理为经验，并培养相关的洞察力和直觉，将有助于优先识别趋势信号。当这些小变化发生的时候不去拥抱它们，那么当大的更迭发生的时候，你可能会有些措手不及。

比如在 4A 公司的黄金期，企业一般都是找大的媒体去做品牌推广。但现在，随着个体崛起，在微博、微信、短视频平台上的各类中小自媒体，在品牌宣推中正在扮演更加重要的角色。如果这些小的变化你不去关注，当借助短视频平台个体的力量被突然放大 N 倍时，想要再去尝试，却发现自己根本无从下手，这时你就会不可避免地感到退缩和害怕。

▍整体观察产业周期

关于技术趋势探索，可以参考高德纳成熟度曲线，又名技术成熟度曲线。新兴技术的典型发展历程为技术萌芽期、期望膨胀期、幻觉破灭谷底期、稳步爬升恢复期、生产成熟期。它能够帮我们更好地判断这个新兴技术发展是否已经成熟，它是在萌芽期，还是在爬升期，还是已经被大规模产业化地运用了。

当然，这个曲线，可能更多地针对一些比较成熟、有多次成功经验的创业者。像国内电动汽车"三驾马车"（小鹏、蔚来、理想）的创始人，在准备创业做电动汽车的时候，心态、经验、能力、社会资源的积累都已经非常成熟了。所以，他们做电动汽车创业的时候，一定是对趋势充分分析和把控过的。

但很少有普通人创业时会特别详尽地分析趋势。那普通人想要创业又该如何准备呢？我觉得核心在于思考自己能够提供的产品和服务是不是真的有价值，客户是否愿意买单、是否愿意转介绍。如果都能做到，其实你已经找到了一个非常好的产品，也找到了一个非常好的创业机会。

普通人如何把握趋势

我们这里对于"普通人"的定义其实比较狭义，它是指在任何一个专业上都没有特别深度的、长期的积累，不能够在某个专业场景中连续输出超过 5 小时的有价值内容的人。这类人不具备直接作为个人 IP 输出、传播知识的可能性，因此不适合做个人 IP。

这个观点和很多做 IP 孵化的大 V 所讲的"每个人都有特点，都可以讲你擅长的内容"的观念完全不同。曾经有个阶段我也是那么想的：谁没有特长，谁没有闪光点，把闪光点如实地讲出来就好。但是后来我发现有特长并不够，是否适合做个人 IP 还需要一些标准来衡量。

因为人与人之间存在认知差。不仅是同一认知层面上彼此的选择差异，还包括对同一事物的认知层级不同。很多时候你认为自己很擅长的一些内容和知识，可能对于专业人士来说，只属于业余爱好的范畴；哪怕周围人都觉得你在这方面很有优势，但是从专业角度来看，你输出的价值点可能依然是不够的，至少不足以打造成产品。这种情况下，再朝着打造该内容品类的个人 IP 的方向做，难度系数就非常大。

那普通人就没有任何机会了吗？当然不是，普通人可以通过其他形式与他人合作，因为创业所需的不止一种角色。就算是一个专业性很强的人，他也一定有弱项，需要别人陪他一起创业。

这个时候需要你清醒地判断自己能做什么、不能做什么，找准自己的角色定位。如果这个角色是你内心笃定而向往的，只是现阶段能力还不足，你可以慢慢积淀，在某个行业做 3 到 5 年再输出也是可以的。

关键在于，有些人不知道自己知道什么，也不知道自己不知道什么。我曾经说过一句话：我知道的不是全部，我掌握的不是全对。这其实是一种终身成长的思维，拥有这种思维的人不必时时自信，依然能够享受做事情本身的乐趣，因为他时刻做好了学习和成长的准备，在以后的道路上会更容易成功。

应该怎么理解"我知道的不是全部，我掌握的不是全对"？几乎每个人，以往都有一些从业经验或者知识积累，但是你知道的东西并不是全部；你知道的不是全对，则意味着你还有心态去接纳更多，有心态去修正你以往不是特别完美、准确的部分，有空间去打破已知，迎接未知。这背后其实意味着两个品质：第一是开放，可以接纳更多的东西；第二是谦虚，你知道你的观点，某些时候可能是错的。

有了这种认知，再来看看要打造一个 IP，我们应该如何准备。我给大家推荐一个 PSD 的模型，以及非常核心的四点论。

什么是 PSD ？ P，Poor ；S，Smart ；D，Desire。

▋ "P"，Poor，不满足

Poor 有两层含义。一是指物质上的相对不满足。这里并不是指物质享受上的不知足，而是指你能敏锐地觉察到原有的消费品体验过程中有不能令人满意的地方，进而在追求更好的物质体验的过程中实现产品的迭代，也就同时挖掘到了商业价值。二是指追求自己精神世界的成长。比如，你原来只喜欢看文学小说，现在也会看一些实用性的书，比如告诉你摩托车怎么修、足球怎么踢的书等，你总会关注一些精神世界的新东西，保持一颗好奇心。

并且，在追求物质与精神满足的过程中，你的输出会倒逼你的输入。特别是你作为知识 IP 向外输出的时候，你的用户会很快让你意识到自己知识储备的不足，从而倒逼你更广泛和深入地学习。

▋ "S"，Smart，对业务的洞察

这里的"Smart"和大家一般理解的"聪明"不一样，此处它偏向于指对某个商业价值的判断和业务趋势的洞察。也就是说，你非常清楚自己擅长传递什么样的价值，以及以什么样的内容和形态去传递。这其实是一种业务上的"聪明"，意味

着对业务本质的洞察。

打个比方，你想要教一些用户学会在短视频平台做内容输出，首先得知道你的潜在用户是谁，对他们而言你能提供的价值是什么，与用户的核心诉求匹配的产品和服务的模式是什么，以什么样的价格区间进行售卖等，你需要对这种业务链条上的各个节点都做出判断。

▌ "D"，Desire，超强的渴望

我一直认为，那么多在短视频平台做直播的主播，他们能坚持生产迭代新的产品和内容的动力一定来源于自己的价值感和意义感，来源于直播间学员的反馈，比如"我因为某某老师的课和产品，有了什么样的行为或思想改变，生活发生了什么样的变化。"

这其实是一种利他的思维，也是一种非常重要的自我驱动力。因为如果你的内容或者产品不能为别人创造价值，无法让别人发生好的改变，那么这个产品就算你认为好，其实也无法给别人带来实质性的帮助。

而且，在这个过程中，如果还能收到用户的持续正向的反馈、发自内心的感激，你的渴望就会被极大程度地激发出来。

所谓"四点论"，是指价值共生、内容共创、生态共建、利益共享。

▋ 价值共生

在今天这个时代，一定要通过价值观连接用户。过去卖产品，是硬推产品给用户，但是今天大家追求的是价值共生，为实现这一点，有三件事不能做。

第一，把自己都不需要的产品卖给别人。一旦你想要"收割"用户，必然会遭到反噬。以人心交换人心，生意才可以做得更长久。

第二，把产品卖给不需要的人。不是你用户的人，带给你的困扰会更大，应该把心思多花在需要你的产品的用户身上。

第三，把产品卖给价值观不一致的人。产品是价值观的筛选结果，不同的产品对应不同的理念。所以，做好产品的人群定位很重要。有的时候，当你降低价格去卖一个东西时，买的人会变多，但也有可能让你偏离真正的核心人群；有的时候，高客单价会为你筛选到真正的高价值用户，因为圈子的价值一样重要。

▋ 内容共创

在互联网时代，生产内容不再只通过单边输出的方式，也可以通过共创的方式实现。我有一个做出版工作的朋友，他们过去生产书籍内容的模式，就是让一个人闭门造车地写文章，现在他们生产内容的方式变成了"聊稿共创"的模式：由专业的团队代表大众用户提问，通过解答输出内容，然后将其转化成文字，始终围绕着用户的需求生产内容。在这个过程中，与用户共创，在用户的高频反馈中优化内容体系。这种模式是和用户一起成长的好机会，是一种非常棒的形式。

▌ 生态共建

生态共建就是大家一起建设一个组织或团队，利用社会化资源，更好地协作式分工，共同实现一个目标。这种协作共建的方式，是基于共同的价值观和做事理念，让每个人自主自发地参与其中。大家通过共创内容、共同生长，一起将生态建设好。

我的一位朋友创业，做了一个 IP 打造陪跑营。他发起这个项目之后，很幸运地在用户中连接到了一位价值观一致的刘老师。这个陪跑营不售卖课程，只布置作业，就是希望用户完成作业后，能够来直播间互动，我的朋友做一对一的点评与答疑。

我朋友当时提出一个理念，希望粉丝与他共建这个社群。这位刘老师主动报名做了陪跑教练，没想到刚一开始，他就迅速招募了四位兼职助教。这四位助教都是学员，同时也是斜杠青年。之后，我朋友就没再参与过社群管理，而是通过后向分配利润的方式和助教们进行分工与合作。然后，助教们就开始自发地运营社群，主动商讨细节，完善相关流程……朋友说，就算招募员工来干这件事，也不一定有他们做得好。这个过程他自己也非常省心省力，因为遇到问题助教们会自行商议解决。而在不久之前，他还很苦恼，因为很多战略员工无法执行到位，很多设想员工也无法实现。现在通过这种共建的方式运作项目，无疑是效率极高的。

所以我大胆预测，未来时代是一个共建时代，像一个生态进化的组织一样，不仅价值观一致，还能在共创中一起迭代。

利益共享

如今这个时代，人人都是合伙人。未来时代，谁参与合伙，谁就能够获利。在这种共享机制下，大家可以更好地协作，进而持续合作，长期获利。

尤其是中国有2亿灵活用工人群，很多人都是散落的个体，他们通过不同的方式加入各种正式或非正式的组织，从中分享利益。

比如，有些人在分销课程，有些人在分销产品，有些人在帮老师推荐客户，有些人在帮 IP 老师链接资源。他们并不存在上下级的关系，只是通过合作和共建，实现利益共享。

这种利益共享的机制，其实已经在很多领域得到了很好的应用，很多人也已经从中获得了相应的回报。

在顺应未来趋势的过程中，很多人都有机会成为超级个体。通过动用资源，引导粉丝群体，构建价值共生、内容共创、生态共建、利益共享的体系，你就可以持续成长，成就更优秀的自己。

如何应对新趋势对传统商业的冲击

新趋势冲击传统商业是一件好事。趋势的变化，也往往意味着市场的重新洗牌。有些创业者会反复提到自己很焦虑，他们有可能只是口头上表达自己的焦虑，并不是真的非常焦虑；因为真正焦虑的人已经在不断行动中尝试转型了，而当他们真的开始行动的时候，也就迎来了新的机会。

关于趋势，我觉得有一些规律可能是大家有共识的。一是大家会更快地看到一个东西能不能做成，也就是说，新事物的试错时间已经被极大地缩短了，真正的"不成功，便成仁"。二是专业人士的跨行业入场。新的趋势会帮助我们原来认为偏传统和实体的行业更好地扩展业务，更好地实现增长。在这样的大背景下，原来那些非专业的人士会被慢慢地迭代，更多专业人士开始入场，这个行业也就蓬勃发展起来。

但是这样的行业在早期，往往都是一批相对边缘的，在主流市场之外的人群尝试和创新出来的。之后，主流人群会看到这类行业，并且加入进来。这个时候，行业品质会得到极大的提升，入行门槛也会越来越高。如果从业者的团队有了专业投资机构的支持，有了更好的技术或者运营团队的支撑，就不再只是一个随意的边缘型组织了，反而会变得越来越有框架，内部条理逐渐清晰。随着行业的发展，用户和品牌的调性也在进一步提升。

所以在这样的背景下，五六年前我们开始做的事情，现在看来都已经变成了传统行业。那么，这种新趋势对传统行业的冲击，我们又应该如何应对呢？

▎拥有反脆弱能力的企业，就没有什么流量焦虑

不得不承认，我们每个人的视角都有一些局限性，我们要做的是接受这种局限性，但不主动给自己设限。很多人以为趋势的变化是缓慢的，但其实它的转变非常迅速，并且这种转变的影响范围和深度远超我们的想象。从道的层面来说，企业对于自身核心价值的坚守是必要的；而从术的层面来说，企业应该积极拥抱各类提升企业发展效率的新的机会。比如，上海疫情，不仅加快线上团购业务的发展，也促使实体店通过直播的方式做营销。现在，直播带货也成为线下实体店的常用销售途径之一。所以，积极设计企业自身的反脆弱模型，就可以减少很多流量焦虑。

▎挖掘和细分需求，你就能发现更多的新机会

不知道大家发现没有，越来越多的人开始用新的互联网工具协助自己原来的行业做效率提升。举个例子，疫情严重影响着

旅游行业，以前上海的小王、南京的小刘等在线下业绩非常不错的导游，转型做了线上云旅游。线上云旅游其实抓到了用户的旅游场景中一个看上去非常小但每个人都有的痛点：即使你身临其境地去旅游，也未必能获得旅游的所有体验。比如你旅游的时候不一定能找到很好的导游，如果自己看，有的景点就完全是白看，像兵马俑、故宫等景点，如果不请导游讲解，体验感会很差，视角会很单一；比如在旅游的时候，由于行程紧张，会舍弃有些景点，或者很难对一些人文景观有细致深刻的体验。也就是说，实地旅游的体验和云旅游的体验，来自两种不同的需求。

所以，不能出门其实倒逼了很多好导游转到线上进行高品质的旅游类内容交付，反而挖掘出新的产品需求，创造了新的价值。类似这样的被习惯性忽略的潜在需求其实一直存在，挖掘和细分市场能够有效地满足此类需求。

保持敏感度，叠加创新无处不在

继续以旅游场景为例说说叠加创新的可能。

原来我们到一个景点去旅游，比如黄山，有山水，有悬崖，有云雾，但拍照的角度其实是非常有限的，而且大多数人拍的也都差不多，都不够震撼。

现在大家去旅游，都希望有更多的视角。那怎么办呢？无人机拍照可以满足这一需求，人们可以从更高、更远或者更细微、更近的角度，拍到原来无法拍到的照片。这其实就是对原有产品的改进和提升，是对旅游场景下拍照需求的进一步满足。

　　我看过一本书，叫作《颠覆性创新》。它讲的就是所有的创新都不是由原来行业最占主导地位的企业主导的，而是由一些边缘的企业推动的。要不就求新求变，要不就在时代洪流的裹挟中，失去主动权。

未来四大趋势的应对之道

人一辈子要做的事情其实蛮多的。很多时候，即使是自己再笃定能做一辈子的事情，也可能只是人生的一个片段。

就拿我个人来说，每次创业，开始的时候我都认为这件事能干 10 年甚至 20 年。但实际上，能做 5 到 10 年的时间已经很长了。所以我们要保持开放的心态，尝试更多的可能性，并且有意识地培养自己的兴趣爱好。

我最近在尝试一些以前不太感兴趣的运动，并每周运动 4~5 次。其他时间，我会跟朋友聊天。当你对一些事情还不笃定的时候，可以多跟朋友交流，这是一种学习的过程。

对未来趋势的思考和探索，一定离不开各种新知识的积淀。这里，我们就以书为引子，探索未来应该如何把握趋势。

▌科普类——未来新的教育方向

通过科普，你可以看到未来新的教育方向。推荐书目：朱永新的《未来学校》①。

---

① 朱永新. 未来学校：重新定义教育 [M]. 北京：中信出版社，2019.

　　这本书我曾经买来送给好几个朋友，因为朱永新教授在研究的是新教育实验、教育的未来形态。这是本科普类的书，书中说："你有没有想过，在未来的某个时候，学生再也不需要按部就班、整齐划一地出现在同一个校园、同一间教室，学习的时间完全由学生自己决定，学习的内容完全由学生自己选择？我相信，在不远的未来，这一切，很可能会变为现实。""未来，物理形态的学校，钢筋水泥、砖瓦花木，依然如故，保安可能还会有，围墙也可能依然在，但是，传统的学校不再是唯一的学习场所。说到学习，大家马上想到的不是'学校'，而是'学习中心'。"

　　另外，朱永新教授还在书中提到了，未来学校可能采用一个叫混龄学习的方式，很值得大家一读。

▌ 健康类——对健康的关注

　　未来，大家对于健康会越来越关注。我最近在读的是《吃出自愈力》[①]。

　　这本书做得很漂亮，纸张用得也很讲究。它能带给你很多实在的帮助，比如，你可以根据自己的喜好定制食谱，这样可以很好地在日常饮食中预防一些慢性疾病。

---

① 威廉·李 . 吃出自愈力 [M]. 路旦俊，蔡志强，译 . 长沙：湖南科学技术出版社，2021.

而且这本书特别有意义的地方是，它让你选上几种食物每天去搭配，就可以有一个基本的食谱。而且，你会学习到一些基础知识，比如对应某种身体情况应该怎么吃，然后你会刻意去留意日常饮食，这种认知的改变对保持健康其实很重要。

我印象最深的是，最近的一次朋友聚会是以健康为主题的，聚会的第一个环节是健康主题的知识分享，分享结束之后，大家吃的每道菜都是根据这本书的原理，按照一定的比例配出来的。包括鱼子酱、臭豆腐、西芹烧、奶酪烧等，从前菜到最后的甜点，都是按书里的元素配比的。我觉得这就是一次极致的体验，以知识和内容为桥梁，聚会变得更有主题性，而不是单纯的吃吃喝喝。

艺术类——想象和意义感的新机会

这里要推荐一本书，也就是最近我在读的意公子的《大话中国艺术史》[①]。这本书以生动活泼的语言把中国从古到今的艺术历程和艺术故事讲得淋漓尽致，可读性很强。

未来做想象感和意义感的生意会很有前景。原来我们关注的偏理性、偏实用性的内容，仍然有很大的市场；但是那些感性的，看起来不怎么有用的"无用之学"，可能将迎来更大的爆发。我最近看的书也是我的弱项，比如审美、艺术入门等。

---

① 意公子. 大话中国艺术史 [M]. 海口：海南出版社，2022.

此外，现在的地理类、建筑类、历史类等书籍，图片开始变多，样式变得更精致，书籍作为社交礼品也具有了收藏价值。所以对于现在偏感性的和偏艺术性的无用之学，未来的需求一定会有一个爆炸式的增长。

再比如线上云旅游，通过给故事配上音乐，再配备 VR、AR 眼镜，会让人有更强的体验感。因为它带给你的是想象力，可以把故事讲得更深入、更丰富，让你的脑海中浮现更生动的画面，给你视听盛宴。所以线上云旅游不只是旅游，不只是去一个你没去过的地方，还可以带给你心灵上的洗涤、丰富你的感受力、带给你探索世界的勇气和好奇心。在以往线下紧凑的旅游行程中，是基本不会有这样的收获的。

▎传播类——让你的产品被更多人知道

如今是几乎每个人都试图打造个人 IP 的时代，所以我们需要知道，如何更好地把我们的内容传播出去。这里我给大家推荐《疯传》①，这本书樊登老师也在 App 上讲过。它对于怎么做传播这个事，其实已经算是从理念到方法都比较丰富的一本书。

另外，我们也需要提高自己的学习力。不管是读书还是看

---

① 伯杰. 疯传：让你的产品、思想、行为像病毒一样入侵 [M]. 刘生敏，廖建桥，译. 北京：电子工业出版社，2014.

电影，或者和朋友交流，都是非常好的学习方式。此外，除了学习力，还有两项很重要的能力建议大家刻意培养。一个是演说的能力，要试着多去分享，因为输出是推动输入的巨大动力。所谓"教学相长"，就是你在教的过程中发现自己的不足之后，再通过进一步学习有所收获。所以，积极地去分享、演说，是一项很重要的能力。

另一个能力是提问的能力。提出一个对的问题，一个好的问题，就是一次很好的自我梳理和学习的机会。比如某件事让你主动产生了思考，你试图再挖掘出一些深刻的内容，这时候提出好问题就显得尤为重要。

总的来说，提问的能力和演说的能力一样重要，他们都是促使你主动学习的动力。

07

在体验中向上生长

没有人能替你做最后的决定

我从小学四年级开始住校，被迫拥有了自己独立的空间，直到大学毕业。在青少年时期，因为没有父母每天的当面管束，我的独立性变强，慢慢学会了在信息不够完整的情况下做出判断，也慢慢懂得没有人能代替自己做最后的决定，没人能代替我为自己的决定负责。现在回头想想，如果当时父母一直在我身边，什么事都帮我做决定，我人生的许多选择可能都会不一样。

虽然知道父母的发心是好的，老话常说父母做的一切"都是为了你好"，但是父母思考问题的角度和能采取的行动，必然会受限于他们的受教育程度和生活经验，毕竟隔了二十多年，对于我们而言，父母的建议多少有一些局限性，所以父母的建议我们当然要听，但是如何做决定，更多还是需要靠自己考量。

正因为这段住校的经历，我的自我意识比同龄人稍微强一点。因为大多数同龄人从幼儿园开始就从未离开过父母、离开过自己所在的城市，可能直到大学才开始拥有自己的相对独立的生活。现在大家对子女教育都很重视，有的父母希望通过分享自己的经验让孩子少走弯路，但往往适得其反。父母如果对孩子的约束过多，孩子成长的空间就会变小。

所以我很早就开始自己做决定。当然，学会做决定是一个需要刻意练习的过程，过往的决策中有很多是对的决策，当然也有许多并不理想的决策，这或许就是成长的代价吧。在做樊登读书之前，有一个有机生鲜的创业项目邀请我参与，当时这个项目已经有了一笔不小的启动资金，但我还是放弃了，反而选择了当时连基本商业模式都没有的樊登读书。我的初衷很简单，就是觉得它有意义，哪怕它当时在可设想的商业逻辑范围内并不成立，我也义无反顾地选择了它。在未知中探索，在探索中努力，在努力中坚持。

现在，我也做了父亲，也很重视对孩子的教育，希望尽可能多地去帮助她们，但是我知道，我作为父亲，更像是一名导游，只能带着她们感受一段美妙的人生，其他的就交给她们自己吧！

我在对孩子的教育中，会保持一定的边界感。我们首先是最亲密的家人，但又是彼此独立的个体，应该让她们拥有尽可能多的自我空间，独立地成长。纪伯伦有一首诗说得特别好，大意如下："你的孩子，并不是你的孩子；他们是由生命本身的渴望而诞生的孩子；他们借助你来到这世界，却非因你而来；

他们在你身旁，却并不属于你；你可以给予他们的是你的爱，而不是你的想法，因为他们有自己的思想；你可以庇护的是他们的身体，而不是他们的灵魂；因为他们的灵魂属于明天，属于你做梦也无法到达的明天。"

我们这一代的父母，已经不再像以前那么望子成龙了。就我个人而言，我更希望孩子能够有一份有意义的工作，同时有一个陪伴自己一生的爱好。这种爱好能够帮助她们在生活的逆境时刻安慰和激励自己，在顺境的时刻表达自己。

当然，心态上是否独立，和原生家庭有一定的关系，但原生家庭并不是我们所能改变的，所以复盘原生家庭的好与坏，得与失，并没有实际的意义。在人生中还有很多方法和机会能够提升自己的独立决策能力。有一些小小的建议，希望能够帮助到大家。

▍ 练习强适应力

我四年级开始住校，其实也是无奈之举。当时我们几个村子合并，四年级以上的孩子必须要在一个学校上学。我被迫走读，每个礼拜回家一次。这段经历让我意识到，成长中很多时候你需要面对的是被动形成的局面，而不单单是主动选择的结果。

客观上，正因为没有每天和父母在一起生活，反倒让自己在对未来的判断，以及下意识的选择方面和同龄的小伙伴有很大的不同。我需要自己打理基本生活、学习以及人际关系，自己处理冲突矛盾等。我需要学会在不同的情境下，综合各类条件做权衡和取舍，把事情推向最趋于正确有利的方向。

在那几年期间，我不知不觉之中用自己的学习力和自由意志成全了自己的个性，也养成一个习惯，那就是更多地倾听大家的意见，同时更独立地做自己的决定。在练习做决定的过程中，我逐步培养起自我做主的能力，内心足够笃定，因为我已经经历过很多次类似的抉择过程，哪怕有一些选择不是特别好也没关系，我有足够的底气来承担结果。

在事上磨炼自己

我觉得成长更多是通过体验得来的。经过某些事情的磨砺，你会从中学到很多东西，也就是所谓的"学中做，做中学"。别人的意见你可以听取，但是决定需要你自己做。

有自己擅长做什么、不擅长做什么的意识，也是做决定的一个前提。有时候人们犹豫不决或者困顿不前，其实是因为对自己没有一个明确的认知，不清楚自己哪些事能做、哪些事不能做、事情做完会有什么后果、自己有没有能力承担。受父母管束越多的孩子，成年之后这种迷茫感会越强，因为在脱离了父母的保护、引导之后，真正地面对和认识自己，为自己负责，对他们来说是一种巨大的挑战。

而在这种认识自我的过程中，就是要靠不断经人经事之后总结和复盘，才能有所收获。

▍ 适度反思，拒绝内耗

就创业来说，如果你的项目不是特别成功，总是出现一系列问题，我觉得也不需要过度反思。在反思这件事情上，大多数成年人都只会做得太多而不会太少。过度反思时，可能更多的情况是沉浸在懊悔的情绪中自我内耗，反而将失败这件事情本身的意义和收获置之脑后。相比而言，失意忘形比得意忘形更加可怕，后者只是偶尔迷失自我，前者却是自我的溃散。所以，就算某个事真的做错了或者没做成也不要紧，没有什么经历是毫无意义的。

▍ 自信的谦虚：相信自己，更有能力相信他人

我从小在农村长大，当城里的孩子奔波于各类补习班的时候，我和小伙伴在一起斗蛐蛐、抓蝌蚪、爬树的嬉戏中度过了无忧无虑的童年。在对大自然的探索过程中，农村的孩子天生就抱着敬畏心和好奇心，也带着一种无意识的谦虚，比较愿意去获取信息，也愿意不断地学习和研究。

我常说，真真诚才能真自信，真自信才能真真诚。

这句话的第一层意思是说，真正的谦虚，其实是一种自信的谦虚，需要以足够相信自己为前提。如果一个人连自己都不相信，那么他对于世界的怀疑程度很可能也是比较高的，对别人的相信很可能也是伪装出来的。

这句话的第二层意思是，相信自己跟相信别人并不矛盾。有些人相信自己，就觉得什么事情都要自己亲自干才行，不能这么理解。我们所说的自信或者相信自己，意味着你对自己的能力边界有一个客观的判断，同时在信任自己能力的基础上，对于别人也有一个相对客观的判断，相信自己的同时，也相信他人。

我们常说要相信他人的善意，在这种心态的驱动下，大家会为了做成一件事，简单而纯粹地去努力，没有心理上的隔阂，没有不必要的伪装，这样才能够一起把这件事情做好。善意的驱动让我们可以更加客观地看到每个人的优劣势，进而都能够承担起自己应有的责任，发挥自己应有的才能，做成事情的同时成就彼此。在这个大前提成立的基础上，即使有一些伙伴的业务能力弱一些，我们也愿意多花一些时间和他共同成长，给他更多的空间和帮助。

这个过程和小孩的成长也很相似，父母的过度干预少了，孩子反而能够非常坦然地做一些决定。

总之，在原生家庭中，我因为父母对我各方面管得少，反而变得更加独立，之后的职场生涯中在很多关键时刻都能自己做出决断。

找准定位，客观认识自己

成长中，我们会慢慢意识到自己的优劣势，真正弄清楚自己擅长做什么、不擅长做什么。因此，在工作中，我们知道如何更好地跟团队配合，让我们的优势在这个过程中得到发挥，同时尽量避免自己的不足给团队造成困扰。

20 岁左右时，我们对自己大部分的认知都是不够清晰的。我第一次比较明确地认识到自己有哪些事不能做是在 28 岁，那时突然就有了相对明确的判断，对自己擅长的工作类型和能力边界有了一些确定性的认知。

年轻的时候，要么认为自己无所不能，要么碰到一点困难就停滞不前。这两种情况都很极端，但是本质上是一回事，往往还会同时出现。我们会毫无根据地笃定地说"这个事我能做"，可是遇到一点问题就会毫无理由地马上退缩。

这是我在 27 岁、28 岁的时候，经过几次创业的摧残才有的感悟。这种成长和成熟其实就是一瞬间的事情，突然就悟了，感觉自己可以承担很多事情，对自己也有了基础的判断。这种判断能够帮你做对选择，帮你渡过难关。

　　事后再回顾，是什么因素触发我在某个时间点上产生了明确的自我认知？

　　一方面是在和父母的交流中，我意识到了我有来自家庭的责任，意识到我不仅要为自己考虑，还需要为家庭和父母考虑。我开始在意识上认可自己是独立的个体，要扮演更多成年人的角色，因此拥有的责任感会变得和以前很不一样。因为当你认为自己是一个被动的、被关爱的接受者的角色时，你其实还很不成熟，内心依然把自己当作可以逃避责任的小孩；当你能意识到自己其实不只是一个接受者，而是要变成付出者时，你会明白自己要承担起更多的责任，真正像一个成年人一样面对生活，这种感觉是和之前完全不同的。

　　另一方面是职业上的尝试。以前我经历过一些确定目标，然后失败，再确定目标，然后再失败的过程。反复经历过几次之后，我的内心多少都会有一些转变，我会意识到自己其实不是无所不能的，对自己遇到的困难是真实的困境还是暂时的障碍有一个基础的判断。有了多次类似的判断和决策的经历之后，对于下一件事情能够坚持到什么程度，甚至在这个事情还没开始的时候，我的判断力都比以前好得多。每一件事情出现在我面前的时候都是新的事情，但我面对每件事情时的心态和心智是在不断成长的。

　　那么，我们应该如何客观地评价自己呢？

▋ 遇到问题，学会去想好的部分

面对很多事情，你所设想的和实际情况是有落差的。我的个人建议是，在任何坏事发生之后，先去想它好的一面。哪怕这件事情有很多不好的地方，你也要善于发现它好的那一面。比如，一年有五六个项目你都没做成，心里挺挫败也挺焦虑，越着急越想证明"这不是我的问题，肯定是项目不对，我再换个项目就可以了"，所以急着再去找项目。这种情况下，你反而可能会再次经历失败。我觉得最好的方式是停下来思考和复盘，告诉自己以后遇到这类的事情该怎么处理，哪些点应该规避掉，哪些好的部分自己做得其实挺不错的。

当然，这个过程中，切忌盲目乐观，以免失去基本的决断力和发现并纠正问题的最好时机。这时候，不妨去咨询身边的人，问问他们对你的真实反馈是什么。

在这个过程当中，还可以总结自己给其他人带来的好处、自己的收获与成长，以及需要去学习和提升的地方。

▋ 自知的人，总能意识到自己的不足

大部分人遇到问题，都会去复盘和反思，然后重新规划路径，再次开始。但切不可反思过度，掉进情绪的坑里。认清自己是一个非常困难且漫长的过程，但是我们仍然不能放弃对自我的探寻。我们要不断地意识到自我的存在，不断地去试图弄清楚"我是谁"。

举一个例子。我最近两年开始尝试更多的运动，原来上学只会篮球、足球这类基础运动，后来慢慢开始培养其他的一些体育爱好，比如打网球、高尔夫等。这个过程中，我发现自己的协调性不好，这几乎算是我的劣势。这就是我对自己的一个基础的认知。

当然如果你还是无法确定，可以去跟别人探讨。你通过别人的反馈，也能形成对自己优劣势的基本认知。千万要注意的是，如果别人指出你的劣势，不要下意识地去对抗，而是要尝试相对客观地接受或者拒绝，说到底最了解你的还是你自己。自己的基础认知会慢慢地形成，但是这也不是一劳永逸的事情。

最近我跟朋友聊天，才忽然意识到，自己年轻时经历的许多挫折，其实是对自己估计过高导致的。那位朋友说得很好，我们必须诚实、客观地接纳自己，这样才会更容易找到事情背后的真实原因，以及获得提升的方法。以高考为例，这是我人生第一个比较重要的节点。那个时候，我正处在觉得自己无所不能的年纪，对自己估计过高。当时在我们学校，高二就可以参加高考，我和很多成绩靠前的同学一样，都认为自己肯定没问题，但结果是我落榜了。

之后我重新复习，再次备战高考，最终考上了还不错的大学。但这时候，我对自己的判断已经和最初的设想完全不同了，这个过程无疑非常痛苦，但也让我快速成熟。

现在更加客观地看待高考这件事情，我知道不是每个同学都能考到最理想的大学。不管别人如何给我打气加油，我都不应该丧失对自己的基本判断。如果我当时选择回避，后来就不会对高考有一个客观的分析。

当然，人都有不足，发现自己的不足不意味着自己就一无是处。相反，这可以帮助我们更加真实、客观地认识自己的劣势以及应该要走的路。

▌ 避免陷入思维定式，别让经验成为包袱

每个人的经验都塑造了独一无二的自己，如果拿自己的经历去揣度别人，就会带着很强的经验主义和自我中心主义。

初中时我成绩很好，所以我特别不理解，那些成绩不好的学生为什么就是考不好。印象最深的是，每次考完试之后，学校会贴一个红榜，把所有人的成绩都公布出来。一次，榜贴出来之后，我站在榜前嘀咕"为什么这个人就考这么一点分"。我不知道的是，当时那个同学就站在我身后。过了几年同学聚会的时候，我们再碰面，他说"我当时心里恨死你了"，我知道这是句玩笑话，但是哪一句玩笑背后没有一点真情实感呢。

到了重读高三的阶段，我开始有机会对人性产生非常不同的认知。那时，老师安排我和学习成绩不太好的同学做同桌，过了一段时间，该学的内容都学得差不多了，我就开始观察同

桌的生活、学习方式。我观察他为什么学习不好，然后理解了，其实他也很努力，但就是无论如何都达不到理想成绩。同时，我跳出"成绩至上论"来看，发现他身上有很多值得我学习的长处，只是我以前忽略了。这让我意识到，不要随意地判断一个人，不要随意给一个人贴标签，这是非常狭隘的。

有一次，我们班主任生病了。大家都在正常上课，只有我的同桌问我要不要去看老师。我就想，为什么那些成绩好的同学没有人想到放下手里的事情去探望一下老师呢，反而是我这个平时最让老师费神的同桌有这样的意识。我当时一下子就觉得，人性的光芒就在他身后闪耀。

放学后，他就骑着摩托车带我一起去看老师了。路上，他突然说"我们看老师也不能空着手去啊"，于是我们准备买点水果，走到水果摊前，他突然发现自己没带钱，问我带了没，我真是哭笑不得。我的这位同学情商很高，但同时也有点人性中的小狡猾。通过类似的经历，我逐渐意识到，人并不像武侠小说中写的那样非黑即白，人性是复杂而多变的，不要简单地判断一个人。有了这种意识，你会变得更加多元，也就拥有更多的可能性。

深度反省能力

我感觉自己是一个自我意识比较弱的人，但是想要接受听起来不怎么舒服的好建议也不容易。

举个例子，大约 10 年前，有个朋友说我说话太快了，听不明白，送了我四个字：沉默是金。他的意思是当你想说某个事情的时候，先沉默 3 秒，想清楚了再说，说的时候也尽量慢点，让别人听得更明白。作为一个血气方刚的少年，听到这样的建议，我的第一反应是被冒犯了："你说'沉默是金'是什么意思？"后来我想一想，才明白这其中的两重意思——想清楚和慢慢说。

当你能够接受这样一个听起来刺耳的建议，并且为此做出改变，你就能更好地成长。表面上看，这个建议可能触碰了你的边界，实际上只要你吸收得足够好，就会让它变成你成长的机遇与动力。

▍积极倾听多元的声音

不管别人提什么意见，我是否认可，我都会先倾听并感谢他的直言不讳。我会更多地鼓励员工敢于说真话，敢于"冒犯"上级。我相信这样能够让组织变得更有活力，如果连员工自由表达的机会都剥夺了，组织的活力也会渐渐丧失。

我不是一个记仇的人，对那些很无厘头，甚至有点恶意的建议，我一般不理会；但是对那些好的建议，我会积极地听取，并且吸收消化。要想养成这种心态，需要经过以下三个阶段：

第一个阶段，特别在意别人对自己的看法，怕说错话，怕被别人怼；

第二个阶段，不再害怕说错话，只要被别人怼，就选择回应；

第三个阶段，别人怎么说，其实并不重要。

世人皆有观点和偏见，有人支持你，必定有人反对你。好比你在直播间遇到个"喷子"，最好的应对方式就是别去管他，因为有的人提出的不同的问题和看法，只是基于他的认知和经历，对于也许没有过这样经历的我们来说，他的话只是"站着说话不腰疼"，也颇有些无病呻吟的嫌疑。

保持兴趣是持续学习的关键

2013 年刚开始做樊登读书，我有一个很大的目的，就是在事中学，在学中练。出于这一目的，即使后面多次遇到巨大的困难，我也没想过放弃。因为能通过这个过程多看一些书，扩大自己的视野，扩展别的兴趣点，我觉得就非常好。就学习的形式而言，不管是文字形式的阅读，还是听音频或者看短视频，带给你的体验都是完全不一样的。但它们都有一个共通点，就是可以激发你新的兴趣点，通过兴趣学习新的知识点，再串联起下一个想学习和探索的知识。保持着这样的好奇心和探索欲去学习、精进，真的非常重要。而且我希望不管通过什么形式学习，你都能有所收获。

说到这儿，又涉及一个问题，就是整个行业内容过多，而用户的学习时间和精力分配又非常有限，因此很多用户会感到选择困难。如果真的有一类产品能够针对这一群体，做买手型的精细化运营和服务，那么势必能抓住很大的市场机会。像樊登读书，有一个定义就是书籍买手，又被称作图书解读。樊登读书帮用户在每年几万册的出版书籍里面进行筛选，以每周一本书，每年 50 本书的形式做输出。这个过程，其实已经帮助用户挑出了作者、知识领域、内容价值等，只要跟着学就可以了。

所以，樊登读书最早的角色定位就是图书向导。比如，你要教育孩子，可能通过《你就是孩子最好的玩具》《养育男孩》《养育女孩》等三五本书就能入门。时至今日，我仍然认为买手型产品是存在市场的，而且产品形式在不断地创新，变得更加符合现代人的使用习惯。

说到新的知识产品应该往哪个方向去做，它背后的逻辑应该是《未来学校》一书里提到的，未来学习的主体，不再以年龄划分，而是以学习目标和目的划分。在未来的学习中心里，15 岁的孙子可以跟 75 岁的爷爷在同一个课堂上同样的课。实际上这是个重大的变化，是一种翻转式的、体验式的教学，也就是由灌输式学习变成带着问题去学习。

大家如果想要更快地学习和成长，一个很好的办法还是多看书。

关于读书，我有几点建议。

自主学习的前提是主动搜索

现在的短视频平台，日活非常高。你随手一刷，几分钟内就可以刷好几个视频，因为平台有一定的算法和推荐机制。但我建议你更多地使用主动搜索，而不只是被动地看推荐内容，要尽可能地用主动搜索干扰平台的推荐，破除平台的信息茧房。因为平台的推荐，80%~90%都是你以往关注的以及强相关的内容，只有少量信息是你原来没有注意到的资讯。

如果不主动搜索，就会被平台一直"圈养"着，封闭在信息茧房里。我记得之前看到过几篇刷屏的文章，主题就是"困在算法里"。要想跳出来，关键在于主动检索，找一些搜索的关键词、兴趣的切入点、知识的切入点，找到这些点是第一步。

▌选择感兴趣的东西翻一翻

持续学习最重要的是保持兴趣。看书很容易因为感到无聊而产生很强的挫败感，从而丧失兴趣，所以我给大家推荐的方法是翻书。比如，我的车上通常会有两本不同类别的书，有的时候我就把它们摆在自己随手拿得到的地方，有空就翻一下，总归会有一些收获。这期间，你可能会突然对某一种东西感兴趣，然后去学习。至于怎么翻，我觉得可以翻你感兴趣的部分，不感兴趣的部分跳过去就好。只要能够保持兴趣，不至于感到痛苦，你就会坚持下去。

翻书就像刷手机一样，有事没事就翻翻书，养成翻书的习惯，总有一天你会觉得"这本书还不错，要不我看看吧"。当然，也有些书你翻了觉得真的没有意思，就丢到一边去。总的来说，翻书翻得多了，你总会发现一些值得读的书的。

这其实就是多创造一些和书籍接触的机会。从本质上来说，经典的书籍，尤其是经典文学和艺术类书籍，还是非常值得去认真读，去感受其中的人文气息，获得那些只可意会不可言传的感悟的；而工具类书籍的知识，可以靠翻书，或者音视频类的知识付费产品补充。

█ 选择所在行业的资料去精读

如果你在工作上有需要，可以在某一专业门类深度学习。举个例了，最近我在看基金从业资格考试的书，有大纲，有教材，也有题库。这种书的学习，和以前的考试一样，是有一些方法的，比如大纲怎么看、精华的解读怎么看、PPT 怎么看、题怎么刷。

这个过程，就像读书的时候一样，你所学的某个专业需要进行系统性的考试，你可能就需要结合考试的具体要求进行针对性的阅读。

█ 把你学到的讲给其他人听

学习知识最好的方法，其实是把学到的讲给别人听。学习有三类场景：学以致知、学以致用、学以致乐。

少关注感受，多聚焦价值

我今年 36 岁，过去的十多年，经历过很多次职业发展的困顿和突破。

工作一年之后重新择业

之所以重新择业主要有以下两个原因。

对工作中远期的判断，和自己想象的不一样

我工作一年后离开电子工程师这个岗位，主要原因是自己对这份工作中远期的判断，和预想的不一样。但是，想要放弃第一份工作不是一件容易的事情。我有近半年的时间，一直在做思想上的挣扎。每天早上一坐在工位上，我就会想辞职，这个过程非常煎熬。一想到 3 年、5 年、8 年之后的场景，我就会觉得这样的一眼望到头的生活不是我想要的。

对职业的热爱程度及进步动力不足

另一个离开的原因是，自己对这份工作的热爱和愿意为之

奋斗的动力不足。我对自己的兴趣和能力模型是有一些判断的。当时电子工程师的岗位要求掌握数电和模电的技术。这个技术我在学校学习的时候就不是特别感兴趣，而且也自认为很难充分掌握相关的技术。

当时这份工作说好不好，说差不差。它能保证我的基本生活，而离开这样一个舒适的环境，可能会失去这种稳定的状态。虽然萌生了辞职的念头，但是辞职前我也尝试做了一些努力，做出过一些改变，比如从技术岗转岗到市场或者销售岗，但是这样的想法在现实层面都未能实现，最后我选择离开，开始在创业的路上摸爬滚打。

找错起点就开始创业

从第一份工作转到创业，我在过程中踩了很多坑。

最开始我操盘过一个有机生鲜的连锁店业务，从开第一家店到最终倒闭，大约只用了一年时间，我快速地犯了在创业中容易犯的几个错误，当然也有做对的地方。在开第一家店的时候，我曾经连续三个月每天早上5点多起来，到生鲜市场找货进货，同时在第一家店就做了每天的买送活动，以及对高端客户的定制化服务，因此第一家店经营得非常顺利。然后我就急功冒进地开了第二家店和第三家店，并且认为自己有很好的管理员工和现金流的能力，事实上完全不是如此。在现金流断了之后，我又很快决定结束业务。

除了生鲜连锁店的生意，我还做过猎头公司；如今大火的徒步训练营，早在十年前我就尝试过。但没有一个生意形成了规模。我自己的感受是，这些起点我都找错了。当你的起点真的找错之后，是没有足够的动力坚持下去的。当然，世上没有白走的路，所有这些曲折的经历，都在为后来我创业做樊登读书积攒条件，从心智上和资源上都是如此。

后来我意识到，创业最早要找的是价值，而不是资源。看起来有什么样的资源，就去干什么事，这是一个错误的想法。当你想明白为谁提供什么价值时，事实上哪怕没有相应的资源和条件，你也会去设想怎么实现，怎么匹配。

假如运作的项目不行，在后期复盘的时候可能会有两种截然不同的想法。一种是觉得项目没达到预期，放弃很正常；另一种是告诉自己，是项目不行，再换个项目就好了。如果真的试了好几个项目都不行，这时候心态就会逐渐失衡，状态也会越来越差。当然也有一种可能，就是你突然意识到不是项目的问题，而是自己的问题。只有在这样的状态下，再回过头去审视自己，复盘项目，才有可能汲取经验教训，下次做得更好。

创立樊登读书

2013 年，我们开始做樊登读书这个项目。之前的创业经历让我懂得之后如何去更好地评估项目，比如，怎么匹配资源、核心项目所需的核心能力是否在组织中得到匹配等；再比如，我们几个合伙人会一起评估这个项目的可行性，一起去判断这个项目核心产品的卖点、如何去推广，以及我们具备什么资源、不具备什么资源、还需要借助哪些外部资源、阶段性目标通过努力能不能实现。总体评估下来，我们的产品还不错。我的合伙人樊登老师负责讲书和生产内容；我们借鉴传统和互联网结合的推广方法，线上线下同时去推广；技术团队我们最开始是没有的，当然，开始也不一定非得从打造一个 App 开始；在现金流上，我们先收费，再小步快跑地迭代产品，优化产品形态。另外，需要不断拷问自己的是，假如创业 2 年左右都没有多少收入，还会继续坚持吗？能够坚持的关键就是价值观和意义感，我们始终认为，为那么多人提供一个降低读书门槛又能带来收获的读书产品是有价值的，这个价值观我们自始至终都没有放弃过，如果这个价值观动摇了，我们可能立刻就放弃了。

我没有大厂的工作经历，也就少了许多条条框框的自我限制。我非常乐意把传统的好办法放在新业态上尝试，很多创新就是组合式创新，完全颠覆式的原创反而很少做出来。

当然，从第一份工作到多次创业，紧张的工作节奏也让我背负过负面情绪。后面我慢慢地学着放平心态，再次创业的时候比较少关注自己对事情的主观感受，把注意力更多地放在产品本身的价值以及商业逻辑上。遇到事情首先想怎么解决问题，这样事情反倒一件一件地解决了，事也就成了。

08

远离复杂的人际关系

先假设对方的出发点是好的

《被讨厌的勇气》[①]中说，一切烦恼都来自人际关系。可以说人际关系对于我们人生具有深刻的影响。

哈佛大学也曾耗时 75 年，破译了人类幸福的密码——人际关系良好的人更幸福。当时研究人员花了几十年，从青少年时期开始追踪一批人。这批受试者的生活、工作、身体状况，以及家庭情况各不相同，但是大致可分为两类：一类有着良好的教育背景，另一类则出身于社会底层。几十年后，研究人员发现他们的生活大相径庭，有人摸爬滚打跻身上流社会、有人精神分裂、有人成了律师、有人成了医生、有人成了泥瓦匠，甚至有人成了总统，等等。之后，通过对各项指标的排查，研究人员发现，良好的人际关系能让人生的幸福指数更高。

那么，说到人际关系，我们应该如何处理好它，又应该遵循什么样的指导原则呢？

---

① 岸见一郎，古贺史健. 被讨厌的勇气："自我启发之父"阿德勒的哲学课 [M]. 渠海霞，译. 北京：机械工业出版社，2017.

▍ 不要太敏感，遇事不妨积极主动地沟通

我在生活中不是一个敏感的人，有时候甚至很难觉察到别人的情绪变化，但可能正因为没有太过在意，我受到这方面的困扰才比较少。

日常生活中，难免会有跟人相处不愉快的时候，我一般也能很快觉察到。但是大多数此类时刻，你需要适当忽视一些感受，才能避免陷入情绪内耗，也更有助于解决问题。

需要注意的是，不要不屑于沟通和解释。如果沟通对于推进事情很重要，那就要积极地去沟通和解释，无论你愿不愿意。沟通当中要对提问特别注意，尽量用一般疑问句，不要用反问句。工作中，我们很多时候提问，其实只是单纯地想知道这个事情是怎么回事，并没有指责的想法，但是如果因为工作中的角色关系，对方认为我们在用反问的方式质疑时，感受就不一样了。所以我在和团队沟通的时候，只要是发问，总会补充一句："我刚才是一般疑问，不是反问，没有责备的意思，只是想知道事情到底是怎么发生的。"

当然这个前提是，你真的没有言外之意。口头表达中的一些微妙的情绪，对方是能够真切感受到的。所以，一方面要靠长时间的相处，了解彼此的行事作风；另一方面，反复解释也是很有必要的。

▋ 好的沟通，多数时候是有一个好的立场假设

想要良好地沟通，要先假设对方的出发点是好的。如果你预设对方怀有恶意，那么这件事大家不管再怎么沟通，都不会朝着好的方向发展，因为你会随时保持高度警惕，担心别人"算计"你。一旦产生这种想法，别人也能很快感知到你的怀疑。彼此失去信任，就会变得不好相处，而且很难修复关系。

当你预设对方的出发点都是好的时，你会更愿意倾听，想知道对方是不是有什么你不了解但很重要的信息。有了这样的心态，你们的交流会变得完全不一样，大家可以在彼此理解的基础上把事情做得更好。

▋ 重视重要的人，其他的请保持平常心

人生有限，我们无法在每个人身上都投入大量的时间和精力，所以要把更多的时间花在重要的人身上。事实上，很多人可能打一两次交道后，这辈子就再也不会见了，所以不必太过纠结。很多谈话，以平常心看待即可，不必太过重视，因为它们真的没有想象中那么重要。就像段永平说的"平常人难有平常心"，平常心太难得，却远比你认真准备的技巧重要。

然而，就算上面的你都做到了，生活中还是难免会碰到一些棘手的问题，越解释越麻烦。所以，就算解释，也不要纠结于解释后的结果。正所谓"尽人事听天命"，就算最后结果不尽如人意，我们也要学着去接受。

　　如果对方愿意听，就多解释几遍，但不必执着于结果，解释是你的事情，结果是双方的事情，彼此都有表达和判断的自由。有些事情不是你能掌握的，不必为无法掌握的事情而痛苦，尽力就好。很多时候，别人怎么看你并不重要，重要的是你有没有尽力，真的尽了全力，就无须再纠结。

　　总的来说，想要处理好人际关系，一方面，大家要钝感一些，以自我为中心，又不能太以自我为中心，这意味着不能太执着于沟通的结果，可以在意但绝不纠结；另一方面，总是假设对方的出发点是好的，这是一个好策略；在此基础上，面对一些棘手的问题，如果能不厌其烦地沟通并尽量保持一颗平常心，一切人际关系的困扰都将不再是困扰。

不要把家庭和事业放在对立面

俗话说，家是避风的港湾。一方面，在我们最无奈、心酸的时候，只有家人会义无反顾地陪伴我们度过那些最艰难的日子；另一方面，正因为有了家人的支持，工作中遇到的很多问题和危机才都会被化解。

谈到家庭，我想有三个关系最重要，第一个是夫妻关系，第二个是亲子关系，第三个是跟父母的关系。

夫妻关系

说到夫妻关系，很多人都会疑惑"伴侣和工作到底谁更重要"。对于这个话题，大家各有各的答案，但是我想是不是可以换个视角看待这个问题。第一，家庭和事业并不会在很多时候形成冲突。虽然偶尔也会有冲突，但肯定不应该是长期状态；第二，家庭和事业之间，并没有绝对的先后排序。真的在面临较大的选择冲突时，你的伴侣、孩子、父母，都应该是排在第一位的，因为他们是你这一生中最重要的人生参与者，你的角色对他们来说是独一无二的，不可被替代的。然而，也有许多时候，你需要取得家庭的理解和支持，把工作放在第一位，毕竟工作是保障家庭的重要基石。家庭和事业不是单纯的排序和取舍的关系，而是动态平衡的关系，二者本质上是相互促进的，而不是对立的。

那么，我们应该如何跟伴侣相处呢？

▋ 足够的安全感，是一切的基础

处理好夫妻关系的核心，在于建立安全感，而安全感建立在日常生活中对彼此重视和尊重的基础上。有了这样的大前提，无论以什么样的方式，沟通都会变得更加简单。

当然，夫妻是要相处一辈子的，两个人相处得好与坏，很多时候不在于对方说了什么，而在于他做了什么。双方都要承担责任和义务，如果在遇到难题的时候，一方能勇于站出来想办法解决，就会让对方少很多烦恼，更好地建立起信任和安全感。

我记得有一次，我家孩子突然发烧，要去医院。但是正好我有一个直播授课，为了这次直播，很多工作人员已经做了不少准备工作，如果直播取消，很多人的计划都会被打乱。但孩子这边我也很担心，因为这正是她最需要我的时候，也是我太太最需要我的时候。

应该怎么办呢？我选择带上工作电脑和直播设备，第一时间和太太一起把孩子送到医院，找好医生和护士，把孩子送进检查室。太太在门外等候时，我对我太太说："你们先检查，如果有什么问题我就在旁边，可以随时叫我。"安顿好一切以后，我就请护士帮忙在旁边找一间空房间，在那里进行了一小时的直播授课。很多时候家人并不是真的期待你能够为他们做什么，可能只是希望你能陪在身旁，这样就能得到安全感。

孩子生病住院，医生和护士才是真正可以帮助她解决问题的人，但太太和孩子在心理上对我是非常依赖的，所以我必须尽全力满足这一点。

总的来说，当家庭和工作发生冲突时，不一定要做非此即彼的取舍，不妨花时间思考一下，或许就能找到"鱼和熊掌兼得"的办法。

遇到分歧，正是增进理解的好时机

日常生活中，夫妻双方最好能够建立起共同的信仰。这就需要双方一次次地沟通，一起经历一次又一次的大大小小的事情。特别是遇到分歧和矛盾时，你要尝试去理解对方，不要着急去劝说，更不要着急表达你的观点和态度，你要先理解这是怎么回事，积极地自我反思，培养辩证型人格。我太太遇到一些事情会很在意，而我似乎觉得不那么重要。很多时候，男人的反应可能会比女人迟钝一些，有时我会下意识地说"何必呢"，但是我太太就会认为这件事明明很重要，进而变得更生气。我慢慢意识到，解决方法就是我也要重视起这件事情，而不再讨论这个事情究竟是对还是错，试着多站在对方的角度理解对方。当我真的这样换位思考之后，发现她的想法也是很有道理的，可能是我当时的视角太偏狭了。下次再遇到这样的事情，不要着急去表达观点，尝试去理解对方，可能效果会更理想。

亲子关系

处理亲子关系的核心原则在于，把握大原则，不强求完美。和孩子相处，我的核心目标是建立亲密感。如果为了教育出优秀的孩子，破坏孩子和父母的亲密关系，反而是得不偿失的。我们家有两个女儿，她们和我在一起会更放肆地表达自己的情感和感受，除非特别不合适的事情我需要去制止，其他时间还是会给她们更多的自由。

孩子从来不是你的一部分，不是你的延伸，从来就是一个独立的个体。他哪些地方好一些，哪些地方差一些，都是他作为一个独立个体的属性。在父母的期待下，他来到这个世界，本身就是一段美好的缘分。他有自己的人生道路要走，我们不必过多干涉。很多家长对孩子的高期待，本质上都是自我意识的主观延展，把孩子当成了自我意志的一部分，这是非常不明智的。

与父母的关系

前面说过，我从小学四年级开始住校，周末才能回家。所以，父母对我青少年时期的影响比较小，反倒少了很多不必要的矛盾和冲突。后来，随着我结婚生子，父母有时候过来帮忙，我跟父母的相处时间反倒变多了，也因此有了三点收获。

第一，对于夫妻小家庭来说，父母是客人。这么说可能有点不近人情，却是构建正确的家庭秩序的前提。这会让你学会为自己的家庭做主，承担起属于你的责任。一些父母常常过度参与到孩子新组建的家庭中，这时候新家庭的秩序就会出现问题。所以，需要设立好界限。告诉父母，在他们的家庭中，他们是主人；在你们的家庭中，你们是主人。

第二，你可能会无意识地模仿你的父母。人们常说孩子是父母的复印件，虽然我没有长期和父母待在一起，但是我的很多理念、为人处世的原则、思考问题的角度，都和我的父母极像。所以要感谢父母对我们的教育和影响。

第三，多感恩，少要求。如果你能做到比原先的期待再少一点期待，比能做到的沟通再多一点沟通，很多事情都会朝着更好的方向发展，人际关系如此，家庭关系亦如此。绝大部分父母都会给孩子自己的能力范围内最好的，切忌以完美的标准要求父母。对待父母，我们只能抱有感恩之情。

宽容让亲朋好友的关系更紧密

关于人与人之间的相处，我更多地受到父母及其他亲人的影响。和亲朋好友的关系，我一直保持得很好，也很简单。

小升初的时候，我遭遇了人生第一次挫折。大家都非常看好我，我却意外地考砸了，名次排到了全校百名之外。我当时觉得人生真是糟糕透了，在亲人同学面前都抬不起头，一度产生了严重的厌学心理。

那时候，我表姐刚上中专，她知道我的情况后，给我寄了一本名言警句的集册，希望我能够从中受到启发。从那时候开始，表姐就经常用各种方法鼓励我。她告诉我，上中专之后她挺后悔的，如果当初多花点精力好好学习，一定有机会上高中再考上大学，人生的路也会越走越宽。她告诫我一定要好好学习，并且相信我一定能够学有所成。在表姐的鼓励下，我慢慢走出了低谷，对学习也重新燃起了兴趣。初中阶段成为我求学生涯中的一个重要转折点，我的成绩有了大幅度的提升。还有一件事情我印象很深刻，就是有一次我和母亲起争执，把母亲气哭了。我当时非但没感到内疚，反而选择"离家出走"，想在小姨家住几天。这段时间，表姐和我谈心，让我和父母的关系有了重大的改善。我记得当时她说："你妈妈只是一个普通的农村妇女，她的文化程度和人生阅历只能如此，哪怕她再有智慧，她跟你沟通的方式也不一定是你所喜欢和接受的。尽管你不能理解她，但是你不能否认，她其实已经在用她能想到的最好方式跟你沟通了，你还想怎么样呢？"表姐的一番话给了我当头棒喝，第二天一早我就急匆匆地回家了。母亲看到我回来，什么也没说，只说了一句"来吃饭吧"。和大多数不善于表达的父母一样，母亲把她无条件的爱融在了日常的默默付出里。

高考的时候，表姐和母亲轮流守着我，让我趁着上午考试结束，在中午的时候休息一会儿，时间差不多了又叫我起床奔赴考场。不管我遇到什么事，表姐都会一如既往地给予我帮助，可以说，表姐对我影响非常大，是我人生成长路上的重要导师。

可能正是因为一直被身边人关心着，所以我与人相处也都是以善为前提的。

那么，我在人际交往中遵循什么原则呢？

▌不介意多付出

"不介意多付出"是母亲教我的。我们的家庭是个大家族，小时候，每当亲戚家里有红白事的时候，母亲都会在随礼之外多帮几天忙。而且，我们整个家族的上下三四代人的关系她都熟谙于心，把里里外外打理得井井有条。因为父母的影响，我做一些决定的时候，更在乎的也是从长期视角来看能不能让大家更好，能不能尽量让所有人都有所收获。就像母亲那样，总是自己付出得更多，希望换来大家庭更长久的幸福与安逸。

以真心换真心

很多朋友关系处理不好的核心问题在于，对自己太宽容，对别人要求太多。所以，我觉得处理人际关系很简单，就是千万不要把别人当傻子，当你内心想着算计别人的时候，不管你表面设计得多么天衣无缝，别人都能感受到虚伪和假意，甚至能够感受到你的算计。这种时候，彼此的关系也是虚假的，毫无意义。

常怀感恩之心

我曾经见过一些亲戚，孩子要上学的时候就四处托关系，联系熟人帮忙。但当目的达成之后，就再也不与对方来往，甚至将这件事置之脑后，事后都不曾去感谢对方。这样的为人处世的方式，不管是放在亲戚还是朋友身上，我相信都是极不可取的。如果你真的得到了他人的帮助，千万要记得在日后的生活里常怀感恩之心。

简单、真诚，让人际关系变简单

如何保持其他人际关系的简单，我想从四个方面展开。

第一，是用户关系；第二，是同事关系；第三，是合作伙伴关系；第四，是粉丝关系。

用户关系，核心在于创造价值

毋庸置疑，产品的好坏仍然直接决定你和用户的关系。

我身边很多朋友，因樊登读书而受益，因读书而让生活变得更好。我记得有一次，我和我们人事经理聊天，她说她的姑姑和姑父是上海人，生活条件优越，家里住别墅，孩子也出国了，所以他们俩闲来无事经常打麻将，结果因为打麻将，两人闹得不愉快，差点要离婚。我们人事经理就把我们讲过的两本书推荐给这对老夫妻，一本书叫作《幸福的婚姻》，另一本书叫作《非暴力沟通》，这两本书改变了她姑姑和姑父沟通的方式，最后两人也重归于好。

正是因为我们一直践行"内容为王"的产品和营销理念，

所以我们和用户的关系一直是非常友好的。用产品给用户提供价值的意义，远大于刻意维护用户关系本身。如果没能为用户提供价值还刻意去维护关系，这种关系会非常的脆弱，甚至变得复杂。

同事关系，核心在于淡然一点

关于同事关系，我觉得主要分为两种：一种是长期的志同道合的好朋友关系；另一种是短期的协作关系，比如工作岗位上的分工和角色。

对于长期的好朋友，凡事想得远一点，就不会太过于在意短期的利益得失。你会站在更高的维度，去理解和化解短期的冲突和分歧；至于短期的关系，就像事情当中的角色分工，你可以把做事情当成游戏闯关，尽可能地和同事一起协作，推进业务。

最忌讳的情况是把自己所有的注意力都放在冲突和分歧上，这样会无故占用过多精力，让你很难再有精力全情地投入工作当中，受影响最大的还是你自己，因为你的效率会变得很低。

随着人事流动，很多同事也慢慢变得没有交集了。想清楚这个，你后续在处理很多人际关系的时候，也会淡然很多。

合作伙伴关系，核心在于共同增长

关于与合作伙伴的相处，我有几点原则。

▌ 信任与感激

对于樊登读书的代理商伙伴，我们很感激他们跟我们一起不停地试错和成长，在我们最不被人看好的时候，他们陪我们一起走下来。2015 年 3 月的第一次渠道大会上，代理商们牢骚满腹，我忍无可忍，站起来发言，发言结束后我就先行离开了会场，给大家留下了思考的时间。后来，员工告诉我，我走了以后，几乎没有人离场，大家在互相商量以后，都决定继续留在樊登读书的体系中共同努力。

基于这样一个创业背景，我一直很感谢那些和我们一起坚持的朋友们。

▌ 引领大家共同发展，永远不要做零和博弈

要设法去拓展市场，而不是将关注重心放在现有利益的分配上，如果大家都在互相比较谁拿得多、谁拿得少，那发展就无从谈起。

▌ 互相激发对方的潜能

随着企业的发展，业务的增加，原来合作伙伴的能力和认知积淀会逐渐跟不上企业发展的速度。这个时候，就需要我们

帮助彼此成长，共同进步。

▍ 互相接受，和而不同

当彼此的理念和认知发生冲突的时候，比如一方要退出或者重新选择，我们要接受这样的可能性，这也很正常。

樊登读书创立初期，我们的技术总监技术过硬，而且持有公司的股份，我一直把他当作重要的合作伙伴。某一个周五，在一个员工生日会结束以后，他来到我的办公室，向我提出辞职的申请。我当时的第一反应就是想知道他为什么辞职，或许是因为私交很好，他也丝毫没有隐瞒，直接说："我现在想把股份卖了，换点钱买房，剩下的交给我爱人。"我打趣地说："想不到你还有这觉悟啊，然后呢？"他说："你知道我是一个技术狂，经常为了工作没日没夜地加班，对家庭的关注比较少。之前我爱人一直对此有怨言，但这次我把股份换成钱交给她，她或许就不会再说我什么了，而我就可以继续钻研技术。而且在公司里，我的技术已经没有精进的可能了，身边也没有人可以让我学习，我想去大公司，好好钻研一下，实现我的人生理想。"听了他的想法，我就跟他说："你的情况我很理解，我也同意你辞职，但是我对你有一个小请求，未来半年之内，假如公司在技术上遇到一些困难，我希望你可以利用业余时间指导一下他们，毕竟公司技术架构是你写的，我觉得只有你有这个能力。当然，这可能要牺牲一点你的业余时间。"他立刻答应了我，在后来的半年里他回来过好几次，还有好几次都是半夜起来帮我们搞定技术问题，帮助公司实现了技术上的平稳过渡。

粉丝关系，核心在于开放包容

我很乐意把我的一些认知分享给别人，如果能够帮到大家，我觉得很开心。但如果别人觉得没什么收获，我也觉得很正常。首先，每个人都有自己认识世界的逻辑和方法，也都有自己独特的经历和生活，因此有人对你的观点不认同，本来就是大概率事件；其次，这可能说明关注你的用户量已经挺大了，反而是一件好事。所以，我觉得不管是哪种，你的态度开放、包容一点就好了。

附录 A

回归简单心态

问题一：人生下来就有天赋和使命吗

要回答这个问题，我们首先要弄清楚的是如何认识自己的优势和不足。这是一个我们每个人穷尽一生都在思考的问题。

▌ 知道哪些是自己不擅长的，很重要

从小到大，从青少年到中年，我们的认知会一再发生变化。

第一个阶段，青少年时期，会逐步建立起一定的自我认知。比方说，小时候我们能感受到自己擅长做什么、不擅长做什么。当然，这些结论很多时候来自跟同龄人的感性比较，或者来自大人和小伙伴对自己的反馈。我小时候学跳舞，老师总会指出我的手脚协调性相比别人要差一些，我自己观察也发现，自己的协调性确实不如别人，因此也有了自己的协调性相对较差的自我认知。

第二个阶段，刚成年的时候。到了 20 多岁，刚刚步入职场的我们可能正处在一个极其自信又容易妄自菲薄的年纪，有时候经受一些打击就会自我怀疑：我真的拥有某方面的优势吗？我明明就很平凡，和大多数人都差不多。但自我怀疑也是

有力量的，会帮助我们更好地认识自己，同时，我们会特别想要证明自己。

第三个阶段，人到中年。到了 40 岁左右，你会坦然地认识和接受人与人之间的差异，也能更好地进行团队合作。原本很难做的人生选择，到了这个年纪可能都变得简单了，因为你对自己能做什么和不能做什么都有了更清醒的认知，所谓"四十不惑"嘛。

▍ 认识自己，需要有开放的心态准备

我们都很难听得进去刺耳的建议，但有时候，可能恰恰是这些刺耳的建议，才真的能够激发我们成长。

我前面用我被朋友提醒"沉默是金"的小故事举例，起初听到这样的建议我也很难接受，但当我后来能够坦然面对略显刺耳的建议，并从中吸取有价值的部分时，我其实收获了极大的成长。事实上，人和人身边都需要有这样的朋友，他们能发现你的优点，也能指出你的缺点。他们的表达也许会非常直接，但如果你能听进去那些对你有益的建议，你一定会借由这个机会建立更清晰的自我认知。要想听得进去建议，有时候需要建立在自我价值已实现的基础上。在这种情况下，我们才更有可能以良好的心态面对他人的建议。如果一直以来，你面对的都是挑剔与批评，抱怨和指责，就可能已经失去对自己优势的判断，也不会有良好的心态去采纳别人关于你劣势的意见和建议。

问题二：趁早成名和大器晚成的关系是什么

　　只要能成事，早一点晚一点其实没什么关系。

　　不过我们会看到，大器晚成的人，普遍持续性要更好一些。

　　成名早的人，自信心很早就建立起来了，但是应对困难和挑战时可能会准备不足，认为自己能搞定所有的事情。当不利的局面发生时，他们往往很难渡过难关。因为他们应对困难的经验相对比较少，缺少因为做事情不成功而反思的机会，更容易理所当然地觉得成功很简单，自己轻易就可以掌控很多事情。因此，他们对自己的掌控力的判断往往是失之偏颇的。我曾和一位朋友聊天，他说自己从事内容行业 20 年，发现很多老师一上来就爆火，但大概率都是昙花一现；反而是那些稳扎稳打逐步火起来的老师，个人影响力的持久度和职业的生命周期都会更长一些。

　　大器晚成的人，往往经过非常多的努力和挑战，才有了现在的积累，所以，他们会更加清醒地认识到自己把事情做成这样是多么的不容易。这样的心境下，他们的心态准备会更充分，对自己掌控力的预判也会更加客观，做事也会更加深思熟虑。

所谓"好饭不怕晚"，你的每一段经历都将成为你人生的财富，每一段经历都有它独特的价值和意义，经历过了，我们坦然接受就好。

问题三：你是如何理解"做自己"的

我觉得每个人都很难在每个阶段都"做自己"！

首先我们来定义一下什么叫"做自己"：是年轻的时候，你还顶着学业压力，对很多事情还不完全理解，但想做就去做了，这种算"做自己"？还是有了一定的人生阅历和经验积累之后，对自己热爱的事情付出全部身心，叫"做自己"？

其实不管哪种，都是有一定难度的。前者，这个阶段最主要的任务其实是学习，但它可能不是你内心最想做的事情，所以某种程度上也不是"做自己"；后者，虽然有了阅历和能力，可以去追逐自己想做的事情，但是你身上承载着很多的社会责任和家庭责任，不可能凡事都由着自己的想法来，时间和精力可能也都不允许。自己想做什么、要去追逐什么爱好等，是对"做自己"狭义的理解。你还可以换个维度来考虑这个事，发现让自己的状态比原来更好，或者对自己的认知比原来更清晰，也算是"做自己"了。

讲到这里，就不得不提一下"迷茫"这个词。因为人都会在某个阶段感到迷茫，有的事情怎么都理不清楚，甚至对自己的人生方向都感觉困惑。比如大学毕业刚工作时，对很多事情你都是一头雾水，生活中遇到疑惑，也不一定有解决办法。如果这个时候，在职场当中能有一个导师指引你，帮助你理解职场的各种现象，并且为你解答成长中遇到的各种困惑，你可能就能很好地度过这个阶段。但是人的天性就是孤独的，很多事情到底还是得靠自己解决。学习和体悟正是每个人"做自己"的必修课。

现在我对"做自己"的理解，就是做好自己在每个阶段的重要角色。比如，求学阶段，你就做好学生的角色；成家立业之后，你就要承担好爱人和为人父母的角色。也就是说，如果你不清楚如何"做自己"，可以尝试在人生的各类重要关系中做好自己应做的和能做的，或许就是"做自己"。自己是个无限命题，与他人关系中的自己，是个有限命题。对于有限命题，我们可以相对容易地拆解作答。"做自己"的前提，是搞清楚自己是谁，弄清自己在每个阶段的角色。

问题四：假如再无明天，你会怎么度过今天

跟平常也不会有太大的区别，因为也没有什么特别的事情是一定要最后一天做的。

▍ 平常心看待每一件事

如果有什么事情你特别期待它发生，比如明天有个活动是你特别期待的，经历完了之后再回过头去看，你会觉得"也就那样"；另外，如果明天有件事情是你特别不愿意去面对的，经历完了之后再回过头去看，你也会发现"也就那样"。

所以综合来看，对于大部分生活中即将发生的事情，你不要太过期待，也不要太过痛苦，因为那仅仅是一场经历而已，经历过后，你会发现事情其实"也就那样"。所以，就让我们以平常心对待每件事情吧。

▍ 活在当下，用心生活

如果真的再无明天，我觉得自己没有什么特别想干的不一样的事情。因为我现在不管是做直播，还是和朋友探讨项目，或者是每天花两三个小时和家人在一起，和兄弟姐妹偶尔联络

感情等，都能让生活变得很充实。

我也会制订一些计划，但多数计划其实是短期内无法完成的，所以，我对自己的要求就是每天都按照计划做一点，这样也就足够了。

很多时候，我们有遗憾是因为经常忽略那些对自己而言真正重要的部分，比如为了工作忽略家人的感受、作为父母忽略了对孩子的养育等，正是因为很多事情在当下没有妥善处理，事后想起来才会感到遗憾。遗憾每个人都会有，但是如果我们能每天认真对待工作，花时间陪家人，在工作之外培养自己的兴趣爱好，基本上也不会有太大的遗憾。

我曾经听到有人说"这个阶段我要发展事业，所以不能谈恋爱或结婚"；或者"这个阶段我要认真学习，所以无法顾及家人或朋友"。其实每个人的人生都不是一个阶段只能做一件事情的，我们的生活应该是由友情、爱情、事业、家庭等多个象限组成的，时刻活在当下，用心生活就好。

问题五：如何应对机遇与不确定

▍警惕"甜蜜陷阱"

我相信很多朋友都会很好奇，面对机遇与不确定，我们应该如何应对？

我来举个例子吧。2014年年初，我打算放弃其他创业机会而全身心投入樊登读书的创业，其实就是一次面对不确定的选择。当时，樊登读书的商业模型并不清晰，短期内也看不到任何收益。同时，我还有一个做生鲜的项目的机会，初始投资已经到位，某种程度上可以称之为"好机会"。但我依然放弃了后者而选择了前者。我做出决定的理由很简单，有两点。第一，我当时28岁，不想30岁的时候还在找项目重新来过，我判断樊登读书有巨大的社会价值；第二，樊登读书的创始团队对于完成樊登读书的创业，理论上有更大的可能性。呈现的结果好像是我放弃了一个"好机会"，但我自己知道，有些决定靠的是判断，很难几句话说清楚。每个人的性格、思维逻辑和人生阅历都不一样，所以在对待同一件事情的时候，人们可能会产生完全不一样的判断。面对抉择，你很难判断哪个更好，但无论如何，你都要给自己一个思考的时间再决定，而有了决定之后就不要再纠结，专注地去验证和探索它。

▌ 接纳不完美

当你做了选择，就要为选择所带来的结果承担责任，也需要面对其他人对你的评说。一方面，不管你做什么选择，别人都有可能来评价你，或者给你很多建议、意见；另一方面，不管是哪个选择，本身都一定存在优势和不足，加上在执行决策过程中的不确定性，结果往往并不是完美的。这时候，一定要学会接纳不完美，接纳突发状况，接纳执行环节的各种问题，接纳你在信息不全的时候确实已经做出的最好的决定。当你真的接纳了不完美之后，就会把关注点放在事情本身上，理性而客观地分清主次问题，也就不会陷入内耗了。回想 8 年前我创办樊登读书，那一定是当时最好的选择吗？其实也很难说，当时也有不少人给我各式各样的建议，我可能也有其他更好的机会。但是这样的假设没有意义，因为在做樊登读书的时候，我接纳了自己的选择。我很专注，我也有所收获，也有思考和成长，这就够了，不必太纠结。

▌ 培养钝感力

我建议每个人都能适度地钝感一些，不要那么容易被生活挫伤，不要那么容易悲观失望。就像我在前面说的那样，很多事情回头去看的时候，你会发现它们并没有预期中那么快乐，也没有预期中那么痛苦，甚至显得无足轻重。所以，面对不确定的时候，做决定尽可以从容简单一些。不纠结，也就少了很多情绪内耗。

问题六：我们应该如何面对低谷期

人生总有低谷期，谁都没法保证自己永远顺风顺水。但人生也不会一直处在低谷期，总有拨云见日的一天，在低谷期做一些积极的，对于人生有益的事情，会更有助于你走出来。这里给出四点建议。

第一，尽量调整好心态。不妨放一放眼下焦头烂额的事情，去专注一些小的、确定性高的事情，重新建立自信心，收获好的心态。

第二，多寻找可能的机会。如果有一些比较好的社交活动，可以主动参与，多去倾听，这样你可能就会有很多学习和精进的机会。

第三，多去主动展示自己。比如你对一些事情有了新的理解与收获，可以尝试更多地输出，去展示你的想法。这很重要，因为展示的过程中，你会不知不觉地与他人建立起连接。越是低谷，你越需要大量、高频的展示，创造更多连接的机会。

第四，积极勇敢地尝试新机会。如果你觉得有一些机会还不错，那就积极勇敢地多做尝试，因为只有试过，你才能快速地知道自己行不行，能不能坚持或者胜任。不然的话，就算真的遇到了机会，你也不一定把握得住。

　　所谓的低谷，要么就是发生的事情和自己预想的不一致，要么就是遭遇某种巨大挫折让自己突然崩溃了。这个时候，你需要尽量调整好心态，通过学习和精进渡过这样的阶段。如果可以，你可以尝试和别人合作，在项目上尝试一些新的机会，慢慢地心态就调整好了。

问题七：简单到复杂再到简单有什么不同

我们通过连麦9次生成口语稿件，后续再由团队进行书稿的整理和打磨。最开始我想的是，不就是9场直播吗？很简单！当时我对这件事是没有任何的预设或判断的，仅仅是基于我做事的想法，动机上非常简单，对事情的构思也很纯粹：要直播就直播呗，遇到事情，兵来将挡，水来土掩，面对就好了。

之后就迎来了复杂的状态，做了四五期直播，我觉得这件事有些偏离最初的目的。当时我提出暂停一下，一来我们要看看初稿是否达到了我们的预期，二来我们想通过复盘讨论，看看内容是否真的对受众有用。这样这件事情一下就变得复杂了，因为我们开始在乎结果了，并且在看到结果的时候，尝试从中寻找直播的动力。

再然后，经过又一次讨论，我们再次让那种复杂的状态变得简单。我们内部进行了一次沟通，确认了接下来要实现的最重要的阶段性目标和工作节奏。正是这次沟通，让之后的稿件实现了质的跃升，大家的状态和工作感觉也变得不一样。所以，这就是从简单到复杂，再到简单的过程。

　　这个过程中，我们确定了这个事情的意义感，不来自做书本身，而是来自我们创作的过程本身给很多人提供了一个可能性。希望我们在直播当中分享的一些故事和观点，对大家有所帮助。

　　这种帮助，就是我们种下的善意的种子。因为我们聊的内容都是自己相信并且贯彻到生活实践中的，而且我们也不会为了流量传递一些极端的观点和主张，所以我尽可能不偏不倚地输出一些中肯的观点，尽量让大家理解很多事情的正反两面性。

附录 B

致全员的一封内部信

各位同人：

大家好！

2020 年 1 月 11 日，樊登读书 App 注册用户数达到了 3000 万，"帮助 3 亿国人养成阅读习惯"的使命已经完成了十分之一。

公司的四位创始人分别贡献了最早蓝图的一部分。"在中国，每多一个人读书，就多一份祥和"，这个愿景的提出者是樊登老师，于 2013 年年底第一次提出。大格局大情怀，真的是让人非常、非常佩服！"帮助 3 亿国人养成阅读习惯"的使命，是我在 2015 年带着市场部同事研究后提出的。我是公司的创始 CEO，公司创立的前 5 年我一直在想所有事情怎么落地，怎么生效，所以当时我想用一个宏大但是有具体数字的目标将想象落地。"为那些没时间读书，不知道读什么，以及读不懂的人群提供阅读帮助"的目标是由田君琦这位最擅长洞察用户需求的公司创始首席运营官（COO）提出的。"每年一起读 50 本书"的口号来自最贴近用户的另一位创始人王永军。

2019 年，我的身份有了转变，转任公司董事长，负责公司的战略制定。通过不断地学习和思考，我一直在探索"公司从哪里来，又将到哪里去"，趁着岁末年初，我初步整理了一些出来，想跟大家简单做个分享。其实，了解从哪里来，也是为了知道我们想到哪里去。

第一件事情，我首先来讲讲公司从哪里来。

樊登读书成立于 2013 年年底，起初就是看到不少人因为生活中不爱读书而遭受困难，想着通过激发、帮助，和陪伴更多人读书学习，让人们用学到的东西启发和指导自己，应该能让人变得更好。这就成了我们几位创始人最初的设想。那么，从哪些书开始最有效呢？可能从那些跟大家的生活、工作以及个人修行最贴近的书开始，讲讲理念，说说工具和方法，会是不错的切入点。所以，最开始我们把樊登读书提供的书籍解读分为事业、家庭和心灵三类。

讲求"有用"是樊登读书的重要标签，"读书点亮生活"这句 App 的开屏语也是对这个理念的进一步想象。

我们原先定义的产品，主要满足的人群应该是 75 后到 95 前（咱们的用户画像也正反映了这样的特征），帮助他们实现从物质消费满足到精神消费渴求的转变。在这类精神消费也就是知识消费的过程中，用户的消费动机是最重要的，可以分三类，分别是学以致用、学以致知、学以致乐。我们能为用户做的事情大概也有三类，分别是激发兴趣、提升技能、发展氛围（和消费动机并不一一对应）。

我们最早就是将书籍的精华解读做产品化输出，大概的流程是知识产品的生产创造、交付用户、用户吸收内化以及用户的转发分享。大量用户消费知识产品的第一个阶段是单向接收，但是很快会遇到瓶颈和挑战，就是用户的获得感与改变不足，会让用户产生怀疑。所以我有一个想法是，对知识产品按照线上和线下、课程和课堂进行分类：第一类是线上课程，起初是最普遍的，这类产品的特点是老师讲、学生听的单向学习模式（当然也会设计线上的类似于留言和讨论的功能）；第二类是线上课堂，也就是从 2019 年开始普遍出现的训练营产品，有互动和反馈式学习，有氛围，不再是单向学习；第三类其实是线下课程，只是售卖方式不同，本质上是一样的，线下享用服务；第四类就是线下课堂了，通过线下课堂学习大课，互动性很强，获得感可能也是最足的，但是交付成本也最高。因为知识产业就是一个从内容创造到交付再到吸收内化最后到传播的过程，所以光靠阅读学习不是最好的学习方式，一定要结合输出，实现输入和输出的正循环。我们樊登读书要紧紧定位"有用"的知识，在最早激发阅读兴趣的基础上，通过更多的深度学习、"从知到行"的产品设计，比如线上及线下的课程和课堂，实现提升用户阅读技能和最终营造阅读氛围的目标。这四类产品和服务中，樊登读书独特而先行的线下网络，会为我们在协助用户读书学习和内化吸收的方面提供很好的帮助，而这些也正是我们面向未来的优势。参考朱永新老师的《未来学校》，我们建立面向未来的、更好的学习模型，也就是学习中心，可能会是我们向教育行业延展的一个大机会。

从 2013 年年底，我们尝试用商业模式帮助更多人开始读书，到 2019 年年底的 6 年时间，我们拥有了近 3000 万的注册用户，近 1000 万的付费用户。这些都证明了我们最早采用的商业模式和秉承的"有用"理念，是相对成功的。为什么能够成功？因为不可忽视的还有过去几年的时代机遇，重要的时代推于至少有三个：第一个是中国人均 GDP 的快速增长（2019 年首次超过人均 1 万美元），使不少人有机会从物质消费的满足转向对精神消费的渴求；第二个是国内移动互联网的发展，帮助我们降低了交付产品的难度和用户转发分享产品的门槛；第三个是微支付的普及，我们的付费用户的快速积累绝对离不开微支付的普及。

总结一下就是，在一个非常好的时代背景下，我们在精神消费领域进行创业尝试，满足了用户的精神消费需求。用户的知识消费过程中最重要的是消费动机，消费动机有三类，分别是用、知和乐；面对用户的消费需求，我们能从三个方面做事情，分别是兴趣、技能和氛围；满足需求的产品和服务又分为四个类型，分别是线上课程、线上课堂、线下课程和线下课堂。我们从哪里来？我们为了激发、帮助、陪伴更多人读书学习而来，我们的做法是不断思考和改进更好的、创新性的方式来承载商业模式。要知道，好的商业模式一定可以同时创造商业价值和社会价值。

第二件事情，我们来看看公司将到哪里去。

我们可能要经历三个阶段，最终成为一家伟大的公司。我讲讲到目前为止我的理解。

第一个阶段，建立以"内容"为核心的商业模式。首先做分众窄播，做虽然不能个性化但是可以形成规模经济的产品和服务，集中精力做爆款，就是樊登读书年付费产品，然后做个性化、规模经济化的产品。我们要树立强有力的品牌标签"有用"。以"书"为原点，建立并完善以"内容"为核心驱动力的产品服务体系，有课程，有课堂，用"有用"服务生活。做普适的流量产品和深度学习的产品相结合的体系，在樊登读书年付费产品的基础上，推出 15~20 门生活必修的课程体系，做深度学习课程的覆盖，对用户的学习需求做从浅到深的覆盖，这样就实现了多元化人群的覆盖和多层次需求的满足。"让内容创造美好"是这个阶段的重要价值观。

第二个阶段，着力打造以"IP"为核心的商业生态。做多品牌矩阵，用多元化品牌服务不同消费人群。这其实也是在做行业想象的拓展，往娱乐服务业或者教育服务业做延伸，比如随着我们抖音上海量粉丝的积累，或许有机会推出有想象力的、可以面向年轻消费群体的虚拟卡通类 IP。无论是往教育还是往娱乐的方向拓展想象，其实都是非常有可能和有机会的。

同时，为开心买单，为美好买单的新商业机会正在到来。

第三个阶段，打造以"科技"为核心驱动力的产业生态。未来各行业的头部公司可能都是科技产业公司。如何提前计划和投入科技力量，帮助我们完善或重建用户的学习模式，是一个新的重要课题。正确地迎接和应对人工智能技术等新型互联网技术对于我们所处行业的影响，对于我们来说至关重要。（此处可以延伸学习高德纳成熟度曲线）。我对公司未来"用科技让学习更美好"的愿景充满期待！

第三件事情，我希望大家有"相信"的能力，勇敢行动。

我一直是一个理想主义者，我们创办樊登读书的时候几乎没有人能懂，更少人能理解，但是我知道我们可以。我也总是希望大家能面向未来思考，因为我知道"白日做梦"的能力将越来越重要。我们可以一起，面向未来憧憬，面向未来学习，勇于去相信并行动，然后去看见。对于即将到来的知识社会，我们能做的一切，真的，才刚刚开始。

我对大家 2020 年的祝福是：Hope is important, Courage is essential, Action is everything!（希望很重要，自信是根本，行动是一切！）

2020，让我们携好运，再出发！

樊登读书董事长　郭俊杰